AF820606

ATRAPANDO EL SOL

Historias inspiradas en comunidades que se unen para aprovechar su propia energía solar, y cómo tú también puedes hacerlo

Lonny Grafman | Joshua Pearce

The Press at Cal Poly Humboldt

Cal Poly Humboldt Library
1 Harpst Street
Arcata, California 95521-8299

press@humboldt.edu
www.tocatchthesun.com

Copyleft © 2022 Lonny Grafman y Joshua Pearce
Esta obra está disponible bajo una licencia Creative Commons
de Atribución-Compartir Igual 4.0 Internacional.
Reproduce partes de este libro para que la
energía solar sea más accesible a todos.
Cuando lo hagas, cita este libro siguiendo las guías CC BY-SA 4.0.

Cubierta diseñada por Mira Eagle
Diseño del interior y maquetación por Marian Voicu de Layouts.ro
Traducción al español: Leyre Alegre - leyre@letsword.us
Revisión y asesoramiento por muchos colaboradores de Appropedia

ISBN 13: 978-1-947112-77-3
10 9 8 7 6 5 4 3 2 Primera impresión

Dedicado a
personas como tú
que se esfuerzan por crear un mundo
un poco mejor cada día.

Índice

Prólogo

Atrapando el Sol es una selección de historias y de conocimiento accesible a nivel práctico y a la vez rico a nivel intelectual. Lonny crea un marco para el conocimiento técnico al compartir su camino práctico, a menudo con lecciones de humildad aprendidas sobre la marcha. Esta honestidad abierta y tan próxima es una oportunidad para que los lectores adquieran lecciones críticas que suelen aprenderse a través de las relaciones personales y de la experiencia. Las «historias solares» comparten claramente la dimensión humana de este trabajo, y transmiten la importancia vital de tomarse el tiempo para profundizar en silencio, observar y, si decides no participar en la comunidad de aplicaciones solares, que transmitas el conocimiento de esta obra para que al final no sea necesario tu involucramiento.

El conocimiento técnico que sigue a las historias, en especial el del laboratorio de Joshua, está pensado para darle al lector una profundidad de comprensión importante, en pocas páginas, de nuevo, compartiendo una visión y experiencia excelentes. ¡Nunca he visto un libro diseñado para compartir conocimiento técnico de aplicación práctica que profundice de una manera tan bella en la ciencia fotovoltaica! Cada sección explora los componentes, el diseño, las consideraciones financieras y de seguridad, ofreciendo consejos para solucionar problemas y ejemplos del campo. *Atrapando el Sol* es un regalo único para las personas interesadas en la energía solar autónoma, sus familias y las comunidades.

La Dra. PennElys Droz ha trabajado durante más de 20 años al servicio del redesarrollo de Naciones Indígenas prósperas, resilientes y sostenibles ecológica, cultural y económicamente. Lo hace principalmente a través de la organización indígena Sustainable Nations y más recientemente con el NDN Collective.

Este libro ofrece algo a cada persona, desde el curioso por lo solar hasta el diseñador solar experimentado. No tienes que tener un grado en ingeniería para comprender el libro, es accesible para todos los que quieren aprender. Este libro mezcla brillantemente los temas técnicos, económicos, teóricos, prácticos y éticos de la energía solar de una manera amena de leer, participativa e incluso entretenida. El libro abarca todos los componentes principales de los sistemas conectados a la red y desconectados de ella, incluyendo paneles solares, reguladores de carga, baterías e inversores. Le da al lector la información que necesita para saber diseñar sistemas solares para su casa, su segunda residencia, una autocaravana o cualquier otro lugar. Describe los errores comunes a evitar, los distintos enfoques de diseño y desmitifica muchos de los (a veces) confusos conceptos de la energía solar. El Capítulo 2 es lectura obligada para los que consideren implementar la energía solar en comunidades locales de riesgo y desfavorecidas a nivel energético, tanto locales como en el extranjero.

El Dr. Henry Louie es profesor en el Departamento de ingeniería eléctrica y computación de Seattle University. Es el autor del libro de texto *Off-Grid Systems in Developing Countries.* El Dr. Louie consiguió una beca Fullbright en la Copperbelt University, en Kitwe, Zambia y es cofundador de una organización sin ánimo de lucro, KiloWatts for Humanity, que implementa sistemas solares desconectados de la red en el África Subsahariana.

1. Introducción

Nosotros, el Dr. Joshua Pearce de Western University en Canadá y Lonny Grafman de Cal Poly Humboldt, somos coautores de *Atrapando el Sol* y lo escribimos para aunar nuestros perfiles distintos (Joshua más académico y Lonny más de calle) y nuestro trabajo de años en energía solar para lograr un impacto a largo plazo.

1.1. De Joshua

Todos queremos que la electricidad funcione de varias maneras para mejorar nuestras vidas: tanto si es para alimentar nuestros portátiles o refrigeradores, como encender las luces o asegurarnos de que nuestra agua es segura.

Aunque el mundo sea un enorme desastre, tantos de nuestros problemas (desde las guerras por los recursos hasta la desestabilización climática) podrían resolverse si tuviéramos una fuente de energía de bajo costo, abundante y verde. Por suerte, la tenemos. Los dispositivos fotovoltaicos convierten la luz solar en electricidad, casi como por arte de magia. Recientemente, se han reducido tanto los precios, que si construyes el sistema tú mismo, seguramente será la electricidad más barata, sin importar dónde vivas. La energía solar es abundante, gratuita, no contamina y está disponible en cualquier lugar donde podamos vivir los humanos. ¡Amemos el Sol! La gente, no se va sin razón a la playa.

Imagen 1.1
Ama el sol.[1]

1.2. De Lonny

En 2018 publiqué *Atrapando la lluvia (To Catch the Rain)*, sobre comunidades que se unen para atrapar su propia lluvia. El libro se financió de manera colaborativa, mediante crowdfunding y fue bien recibido. Desde que se publicó hace tres años, miles de personas han compartido sus historias sobre cómo atrapar el agua de la lluvia. Los miembros de comunidades de más de una docena de países han construido proyectos para atrapar el agua de lluvia siguiendo el libro. Proyectos como el de una escuela en el norte de California y un orfanato de Haití que proporcionan agua de lluvia a sus huertas para cultivar la comida de los estudiantes y su educación.

1 *https://www.appropedia.org/File:Sunset_hand_heart_shell.png*

Escribí *Atrapando la lluvia* porque me encanta lo que hago. Me permite viajar por el mundo y trabajar con comunidades que colaboran para cubrir sus propias necesidades. Viajar es maravilloso, pero a menudo me doy cuenta de que podemos tener un mayor impacto en nuestras propias comunidades (con las que compartimos la lengua, el tiempo, las costumbres, las mejores ubicaciones para obtener materiales, recursos para financiar y los mejores lugares donde comer). Para ello, llevo a cabo la mitad de mis proyectos en lugares donde vivo a largo plazo. En ambos casos, me siento limitado en el impacto que puedo tener al trabajar con mis propias manos. Este libro, *Atrapando el Sol*, así como el anterior son una manera de vivir indirectamente el impacto que tú tendrás al construir tu propio proyecto. Te lo agradezco.

Imagen 1.2

Miembros de la comunidad Las Malvinas, en la República Dominicana, trabajando con miembros de la comunidad y estudiantes de La Yuca, República Dominicana y Humboldt, California para construir energía solar fuera de la red. Soy el fotógrafo. ¡Admira esos ángulos de la cámara y componentes solares!

En *Atrapando el Sol*, el Dr. Joshua Pearce y yo nos hemos unido para acercar a más gente la energía solar a pequeña escala. Esperamos que puedas usar este libro para aportar más electricidad a tu propia comunidad.

1.3. Para quién es este libro y cómo leerlo

El sol cae sobre nosotros con mucha energía. Sin embargo, a menudo nos encontramos sin la energía suficiente para nuestras necesidades. Este libro es para todos aquellos que buscan inspiración y la capacidad de cubrir sus necesidades con la energía solar a pequeña escala. Nos centramos en la pequeña escala, pero los aprendizajes de este libro se pueden aplicar a microrredes a gran escala o incluso a granjas solares mayores. Aún así, nos centramos principalmente en sistemas fuera de la red que tienen 1 kW o menos. Algunos ejemplos específicos:

- Una pequeña casa en un país financieramente rico
- Varias casas en un país financieramente pobre
- Aulas escolares y espacios de la comunidad
- Cargas aisladas, como puertas eléctricas, bombas de agua y equipo de telecomunicaciones
- Una casita pequeña o camioneta habilitada para vivir
- Equipo para acampar y hacer excursionismo
- Suministro de emergencia, por ej. alimentar una máquina de oxígeno durante un apagón
- Equipo para un apocalipsis de zombis
- Cargador de portátil y de celular
- Dispositivos de emprendedurismo solar

Atrapando el Sol enfatiza la adaptabilidad e iteración para lograr tus necesidades. Es uno de los pocos libros de energía fotovoltaica que cubre sistemas muy pequeños con baterías y sin ellas, en un contexto global, para diseñadores de todos los lugares.

Este libro también puede utilizarse en los planes de estudio para que los estudiantes tengan un contexto en el aprendizaje sobre electricidad, potencia y energía, energía fotovoltaica, hojas de cálculo y conceptos básicos de matemáticas.

Hay muchos recursos y profesionales que pueden ayudar en la construcción de sistemas más grandes. Este libro se centrará sobre todo en la pequeña escala, distribución y sistemas resilientes que puedes construir tú mismo. Además, este libro está pensado para ser un punto profundo desde el que empezar. En última instancia, puedes encontrar un video en internet que sea exactamente igual que lo que quieras construir. Este libro te ayudará a determinar qué construir, qué evitar y evaluar si el video es correcto. Construir una comprensión más profunda y amplia te ayudará a aprovechar la investigación, los recursos, blogs, videos de YouTube, etc. más recientes para que los adaptes a tus necesidades específicas y a las de tu comunidad.

Este libro está dividido en varios capítulos principales: El Capítulo 2, Historias solares, cubre ejemplos y lo que se ha aprendido de proyectos fotovoltaicos en los que Lonny ha trabajado; los Capítulos 3, Conceptos solares, y 4, Electricidad, reúnen los conceptos básicos de la energía solar y la electricidad necesarios para comprender el sistema fotovoltaico; el Capítulo 5, Componentes, explica los componentes necesarios para que diseñes y construyas tu propio sistema; y los Capítulos 6 y 7 te llevan de la mano en el proceso iterativo de calcular el tamaño de tu sistema.

2. Historias solares

Lonny trabajó en su primer sistema de energía solar funcional cuando era un adolescente sin hogar que vivía en casas ocupadas y, con el tiempo, en comunidades organizadas deliberadamente. Para él, la manera de rebelarse era distribuyendo recursos y autosuficiencia. Nunca pensó que lo contratarían para trabajar con la energía solar, y simplemente intentaba que no lo arrestaran por lo que hacía con ella. De alguna manera, con suerte y perseverancia, se forjó el camino hacia una vida involucrada en el diseño de energía renovable y de otros sistemas de recursos distribuidos con comunidades de todo el mundo. Las siguientes historias son algunas de las muchas que ha vivido, narradas por él.

2.1. Schatz Energy Research Center, EE.UU.

Con el cambio de siglo, en el año 2000, logré mis primeras prácticas profesionales en energía solar en un centro de investigación en energía, el Schatz Energy Research Center (SERC) gracias a un programa llamado University-National Park Energy Partnership Program (UNPEPP).[2] No cabía en mí por la emoción de que me pagaran por diseñar sistemas fotovoltaicos para los parques estatales y nacionales. Me dediqué en cuerpo y alma a ese proyecto. El laboratorio estaba lleno de diseñadores excéntricos y brillantes con quienes incluso hoy sigo en contacto. Nuestro proyecto era diseñar un sistema fotovoltaico que sustituyera dos generadores diésel de 16 kW para un puesto de

2 El Dr. David Narum es quien trajo el programa al SERC. Puedes leer este artículo de una revista revisada por pares sobre el proyecto y el programa: Chamberlin, C. E., Lehman, P. A., Sorensen, A. H., Engel, R. A., y Sorter, A. C. (2004). UNPEPP: Bringing Renewable Energy to Redwood National Park.

guardabosques en un lago impoluto. También nos agendamos la tarea de diseñar un baño público alimentado por energía solar.

Imagen 2.1
Ubicación del puesto de guardabosques en la impoluta Laguna Espa, en Praire Creek, California. La imagen, cortesía de Google Maps, muestra la nueva ubicación del conjunto fotovoltaico.

Para el puesto de guardabosques, primero teníamos que saber cuánta energía estaban utilizando y para qué. Algunos aspectos eran críticos en el proyecto, por ejemplo, el equipo de comunicación que nunca podía dejar de funcionar, mientras que otros eran más flexibles, como una televisión y una tostadora. Colocamos tarjetas al lado de cada aparato y les pedimos a los guardas que escribieran cuántos minutos los utilizaban cada vez que lo hicieran. También colocamos monitores de energía en la entrada de energía al puesto de guardabosques desde los generadores.

Al final de cada periodo de evaluación, completamos una auditoría de energía y descubrimos que los guardas habían anotado un uso mucho mayor (¡el doble!) de lo que nuestros monitores de energía habían documentado. Entrevistamos a los guardas y descubrimos que ambos estaban sobreestimando su uso porque querían estar seguros.

Esa fue una importante lección sobre comportamiento humano. Si no hubiéramos utilizado también sensores en línea grandes y caros, habríamos diseñado un sistema mucho más caro para suplir las necesidades infladas de los guardas.

Terminamos el puesto de guardabosques con suficiente tiempo para dedicarle al baño. Puse todo mi esfuerzo creativo en su diseño. Quería que fuera práctico, pero ante todo una experiencia inspiradora y educativa. Esto ocurrió antes de que la gente supiera de la energía solar, y quería compartir esta experiencia. Puse los paneles solares altos, pero centrados en la parte frontal para que fueran visibles al entrar al baño y se supiera que se estaba utilizando energía solar. Dentro, los cables estaban en un conducto expuesto, etiquetado de una manera muy visible con flechas que mostraban el sentido de la energía. El regulador de carga también estaba a la vista. La iluminación era, en esos tiempos, puntera. Utilizamos luces LED y corriente continua para evitar pérdida de eficiencia y gastos en inversores. Los detectores de movimiento y la luz natural mantuvieron los costes de energía bajos. Era hermoso.

Al final de mis prácticas de diseño, hicimos una presentación a varios funcionarios de los parques estatales y nacionales. En el transcurso de la presentación, había un hombre muy fornido, con un gran bigote, sentado en su silla con sus brazos y piernas cruzados. Conocía esa mirada. Al final de la presentación, abrimos el turno de preguntas. El hombre bigotudo dijo, «No funcionará». Primero, eso no era una pregunta. Mi viejo yo se le habría lanzado a la yugular. Al fin y al cabo, aunque ya estaba aprendiendo a encajar en el mundo académico, venía de la calle. Había estado luchando contra este tipo de persona durante años... intentando cambiar las mentes de los que odian, se quejan, y de las personas que no creen en la energía solar, el cambio climático o la distribución de recursos. Me llamaban *hippy*, iluso y con la cabeza en la luna. Yo les llamaba cosas peores. Sin embargo, ahí estaba yo, en mis primeras prácticas profesionales de ensueño, intentando encajar y también intentando averiguar sinceramente cómo convencer a los demás.

Con mucha calma le pregunté, «¿Le importaría explicarse?» De acuerdo, echando la vista atrás, seguro que mi frustración era obvia, pero al menos lo estaba intentando. Y el hombre se explicó. Explicó que el sistema estaba expuesto y era un objetivo; y que en una semana se habría roto por alguna pedrada o incluso por algún tiro. Ahí es cuando me di cuenta de que él tenía razón, y yo estaba equivocado. Había permitido que mi optimismo y emoción nublaran mi visión de la realidad medioambiental. También es cierto, que no había aprendido mucho sobre los posibles usuarios. Nunca observé, entrevisté o intenté comprender a ninguno de los usuarios locales. Había bebido de la fuente de la energía renovable y había asumido que todos lo habían hecho igual que yo y también les había gustado. Desgraciadamente, esta lección tuve que aprenderla muchas veces.

Volvimos a la casilla de inicio y rápidamente rediseñamos un bajo solar que escondía todos sus bonitos secretos. Al final de las prácticas, los parques nacionales hicieron un folleto educativo explicando nuestro trabajo, y yo volvía a trabajar fuera del mundo de la energía renovable... aunque por poco tiempo.

2.2. Chiapas, México

El primer año enseñando un curso en la universidad fue en 2003, y ¡me tocó el proyecto solar perfecto! Era exactamente el tipo de proyecto que había esperado años poder hacer. Nuestra tarea era diseñar y construir una unidad médica móvil.

Los usuarios serían personal sanitario rural en Chiapas, México (un estado con los indicadores socioeconómicos más bajos del país). El personal sanitario se desplazaba a pueblos rurales donde la población no tenía acceso a centros médicos. Viajaban en camioneta por horas y luego caminaban varias horas más. Cuando llegaban a los pueblos, entrevistaban a los lugareños y les hacían pruebas. Ellos mismos podían administrar algunas de las pruebas y realizar diagnósticos; pero para otras pruebas había que recopilar información y llevarla de vuelta a la ciudad. Allí los médicos diagnosticaban y recetaban tratamientos que el personal sanitario llevaba de vuelta a los pueblos. Era el inicio de la telemedicina, pero sin infraestructura de telecomunicaciones era más una medicina de mensajero. Es difícil recordar los días antes de la llegada de los *smartphones*, cuando la conectividad rural seguía siendo muy baja y las comunicaciones internacionales eran caras. Esos eran los tiempos en los que estábamos.

Una organización sin ánimo de lucro estaba colaborando con la universidad para crear y entregar una solución. La solución debía alimentar un ordenador portátil, que el personal sanitario pudiera utilizar en condiciones extremas, y que se mantuviera encendido con fuentes de energía eléctrica intermitentes y a veces inexistentes. Habría que transportarlo por largas distancias y debía ser resistente en las montañas y en las junglas del sur de México. También debía almacenar toda la información para que los médicos pudieran evaluarla.

Diseñamos un ordenador portátil guardado en una caja protectora Pelican adaptada. La caja podía caerse desde una altura de 4,5 metros, era estanca y casi indestructible. También guardaba todos los componentes del sistema. El ordenador portátil podía mantenerse encendido por más de 12 horas sin tener que conectarlo a una fuente de energía eléctrica, lo que era raro en aquel entonces, y se consiguió utilizando una batería con celdas de gel. Además, el ordenador portátil podía alimentarse de los paneles solares desplegables incluidos, o de un enchufe de pared de 120 V, un enchufe de pared de 240 V, o un encendedor de cigarrillos de coche (el conector donde solía encajar el encendedor de cigarrillos de los coches, y que ahora se ve para conectar los USB). Asimismo, el sistema podía alimentar un equipo de telecomunicaciones y cargar lentamente la batería de un coche, en caso de que la batería del vehículo del personal sanitario móvil se agotara. Esto se logró con un banco de enchufes e interruptores que protegían el sistema. Los interruptores funcionaban juntos para ayudar a reducir tamaños y costos. Por ejemplo, interruptor 1 arriba, 2 abajo y 3 abajo significaba que se alimentaba del panel solar, mientras que interruptor 1 arriba, 2 arriba y 3 abajo significaba que se alimentaba del enchufe de pared de 120 V, etc. Si algo no estaba conectado de manera correcta, los diodos evitaban la explosión. Evidentemente, también se incluyeron fusibles por protección. Para facilitar su uso, se proporcionaron instrucciones en español y en inglés.

El sistema completo, con la caja incluida, pesaba menos de 16 kg, siguiendo las recomendaciones del NIOSH de la época.[3] La caja también se adaptó con una correa para poder llevarla en la cabeza de una manera ergonómica y equilibrada. Quedamos

3 The National Institute for Occupational Safety and Health (NIOSH) es el Instituto Nacional para la Seguridad y Salud Ocupacional, una agencia federal estadounidense - https://www.cdc.gov/niosh/topics/safepatient/default.html

satisfechos con el resultado. Los patrocinadores también estaban satisfechos. La idea era recrear esto para usarlo con más unidades médicas móviles. Y fue un completo fracaso.

Sé por qué falló. Sé lo que hice mal. Conozco los dos errores estructurales clásicos que causaron el fallo. Muchas personas brillantes, y muchos *influencers* motivacionales de Instagram dirán que «el fracaso solo es una experiencia de aprendizaje». Yo digo que es una mierda. El fracaso tiene consecuencias reales. También puedes elegir aprender de esto, y espero que lo hagas..., pero no es «solo» una experiencia de aprendizaje. Los proyectos reales tienen un impacto real en personas reales. En el caso del desarrollo internacional, estas consecuencias afectan a los que disponen de menos recursos financieros. Este proyecto médico móvil llevó tiempo real y recursos que podrían haberse utilizado mejor.

Los dos problemas principales fueron problemas que se han repetido en mi vida de ingeniero. El primero, es un problema sistémico clásico en las oenegés. El segundo es un problema clásico de supervisión en el diseño de ingeniería.

El primer problema surgió de una realidad habitual en las oenegés, y es que tienen que agradar a distintos grupos de personas además de los usuarios finales. Las empresas con fines de lucro no tienen esta coyuntura. Las empresas con fines de lucro saben si su producto tiene éxito cuando ven si los usuarios pagan por él o no. Mientras que en las oenegés, el dinero suele venir de donantes que pueden tener las mejores intenciones pero casi seguro que tienen una visión diferente a la del usuario final. Los donantes pueden adorar proyectos ingeniosos (como nos ocurrió en este proyecto), pero no así los usuarios finales. He notado que la sensatez triunfa sobre la inteligencia al diseñar fuera de la realidad demográfica de uno... lo que nos lleva al segundo problema.

El segundo problema es dolorosamente obvio. Nunca entrevistamos, observamos o interactuamos directamente con el personal sanitario. Puedo culpar de esto a muchas situaciones, por ejemplo, la falta de conectividad de la época (recuerda que ese fue el año en que salió Skype, pero muy pocas personas lo usaban). Los diseños centrados en las personas basan muchos de sus principios en esto. No se puede diseñar sin primero construir empatía y comprender a los usuarios. Creo que nunca dejaré de avergonzarme por este descuido. Si hubiera entrevistado y observado, me habría dado cuenta de que nadie quería un sistema complicado de cables e interruptores, ni una caja indestructible grande y pesada, ni múltiples maneras para cargarla. De hecho, un ordenador portátil simple, con un panel solar de tamaño adecuado y un regulador de carga habrían sido suficientes. Hoy, todo esto ya es irrelevante, puesto que los teléfonos inteligentes modernos hacen un buen trabajo.

2.3. La Yuca, República Dominicana

En 2011, trabajamos con el Colectivo Revark[4] y la Universidad Iberoamericana (UNIBE) a cargo del Director de arquitectura, Elmer González. Fuera de la universidad, el Colectivo Revark era nuestro contacto y fue vital en todos los compromisos en la comunidad. Aun con eso, nuestro compromiso comunitario en La Yuca estuvo a punto de no ocurrir.[5]

La Yuca es uno de los barrios urbanos económicamente más pobres en el centro de Santo Domingo, en la República Dominicana. La Yuca tiene una escuela, cuyo patio también se utiliza como centro de actividades para niños. Estirando los brazos se pueden tocar las paredes de las casas que se encuentran a ambos lados de las estrechas calles en el laberinto que conforma el barrio. Cuando se acerca una motocicleta, hay que apretarse contra la pared para apartarse de su camino. El barrio es un constante hervidero de actividad y ruido, incluidos los reconfortantes ritmos de la bachata y el dominó. Por encima de nuestras cabezas, masas de cables de la improvisada red eléctrica se extienden hacia todas las casas. Estas bolas flotantes de espaguetis eléctricos son la labor de muchos habitantes de La Yuca, quienes reaprovechan los cables que se queman en espectáculos de chispas (Imagen 2.2) y deben reemplazarse.[6]

4 Oenegé de arquitectura dirigida por Abel Castillo Reynoso, Wilfredo Mena Vera, y Joel Mercedes Sánchez.

5 *To Catch the Rain*, Lonny Grafman, ISBN: 978-1947112049

6 Una anécdota divertida: Cuando llegamos por primera vez con estudiantes estadounidenses, algunos estudiantes pensaron que nos estaban dando la bienvenida con fuegos artificiales. Solo eran los cables eléctricos que estaban soltando chispas. La fotografía adjunta se hizo unos pocos minutos después de llegar.

Imagen 2.2
Incendio de cables eléctricos en La Yuca.

La primera historia que escuchamos fue la de una hermosa mujer de más de noventa años, quien nos contó que La Yuca era originalmente un asentamiento temporal para los trabajadores que construyeron los suburbios de la ciudad, y que luego no se marcharon. Ha habido muchos intentos de expulsar a La Yuca y a sus habitantes fuera de la ciudad, pero La Yuca ha prevalecido. El Colectivo Revark y UNIBE ayudaron a establecer nuestra primera reunión en la comunidad con la junta de vecinos de La Yuca. Durante esta primera reunión, la recepción fue más bien baja y la junta de vecinos no parecía interesada en que trabajáramos juntos. Empezó a haber participación solo cuando el cura comprendió lo que estábamos proponiendo y lo explicó con elocuencia. Reiteró que no estábamos allí como una organización caritativa. No estábamos allí con una «solución». No estábamos allí para soltar algo y sacar fotos. Estábamos allí para trabajar y aprender juntos. Estábamos allí para buscar soluciones juntos. Y estábamos allí para que todos ganáramos en conocimiento y capacidad, y así construir juntos un futuro mejor.

Después de la primera reunión, decidimos tener una reunión abierta a toda la comunidad en la que podríamos identificar nuestros mayores recursos y necesidades. Algunas de nuestras necesidades eran agua limpia (algunas personas estaban gastando más del 40 % de sus ingresos en agua), más espacio escolar (incluir a más niños en la escuela), electricidad (el 11 % de Santo Domingo se reapropia su electricidad) y trabajos (a menudo, los ingresos son solo de un par de dólares al día).

La reunión abierta a la comunidad fue ruidosa y fructífera, especialmente debido al gran apoyo del alcalde, Osvaldo de Aza Carpio.[7] Hicimos una lluvia de ideas con docenas de recursos disponibles y necesidades principales. Luego, hicimos una selección de las necesidades principales y nos dividimos en pequeños grupos para pensar soluciones a esa necesidades seleccionadas.

Juntos, decidimos crear un sistema de energía renovable eólica y solar, un aula escolar con botellas de plástico (un estilo llamado *ecoladrillo*) y un sistema de recolección de agua de lluvia colocado encima del aula escolar que íbamos a construir juntos. En aquel entonces, la escuela encargaba al mes el equivalente a dos camiones de agua, lo que era caro y el agua solo alcanzaba para limpiar la escuela y tirar la cadena manualmente por la noche. La escuela no tenía agua para lavarse las manos, ni en el baño, ni en ningún otro lugar (un principal indicador de salud).

Juntos construimos un sistema de recolección de agua de lluvia de 2000 litros que también incluía una almacenamiento extra en una cisterna ya existente. Esto redujo la necesidad de tener que comprar dos camiones de agua al mes a comprar dos al año.

También diseñamos y construimos un sistema con una escuela en La Yuca para proveer electricidad a la segunda planta. La segunda planta de la escuela se utiliza para las clases escolares durante el día y clases de alfabetización de adultos y grupos de la iglesia por la noche. Las aulas son calurosas y a menudo se corta la electricidad. Cuando no hay electricidad, se suspenden las clases. A menudo las clases duran unos minutos hasta que hay que cancelarlas por apagón.

7 Además de ser un consumado líder comunitario en La Yuca, en los años que siguieron su primer compromiso, Osvaldo también ha sido instrumental en las reuniones con otras comunidades y ha seguido practicando la sostenibilidad y abogando por la construcción de tecnologías en su comunidad y en las de los demás.

Trabajamos varios veranos diseñando un sistema de energía renovable para la segunda planta. Al principio intentamos un híbrido solar y eólico. El viento funcionaba, incluso en el ambiente urbano, a velocidad reducida, con vientos turbulentos (lo que no es ideal para la energía eólica). Logramos construir la turbina con materiales desechados y locales como partes de bicicletas y planchas de aluminio utilizadas para la impresión de periódicos (Imagen 2.3). Desafortunadamente, la potencia eólica es proporcional a la velocidad del viento al cubo (por ejemplo, si la velocidad del viento es el doble, el aumento de potencia aumenta ocho veces), y los huracanes demostraron ser una amenaza anual. Cada año, el sistema sucumbía. Finalmente, entre los obstáculos de la energía eólica y el rápido descenso de los precios de los paneles solares y su creciente accesibilidad, diseñamos el sistema para que fuera únicamente solar.

Imagen 2.3
Una instalación híbrida eólica (periódicos verticales que parecen alas) y solar (pequeño panel solar encima) en un aula escolar en La Yuca, Santo Domingo, República Dominicana. Appropedia.org/La_Yuca_small_scale_renewable_energy_2012

Trabajamos con líderes y electricistas locales, Osvaldo y Bernardo, para diseñar un sistema que provee un mínimo de dos horas de plena potencia en la segunda planta y que solo se enciende cuando se corta la electricidad. El sistema proporciona electricidad para los tan necesitados ventiladores y luces para que puedan continuar las clases nocturnas. Cuando llegó la hora de diseñar un sistema, los estudiantes, basándose en lo que habían aprendido en G2G (Apartado 2.4), escondieron el panel para protegerlo de un eventual robo. Durante la sesión de codiseño, la comunidad lo rediseñó de una manera espectacular. Movieron el panel a una zona para que fuera muy visible y difícil de extraer utilizando alambre metálico y de púas. La filosofía de los diseñadores de la comunidad fue colocarlo en un lugar que todo el mundo pudiera ver, y así, si alguien intentaba robarlo, sería muy fácil verlos (Imagen 2.4). Este tipo de perspicacia de la comunidad viene de estar en la comunidad. Lo que fue cierto y funcionó para el refugio de animales en la República Dominicana (Apartado 2.4) no lo fue para esta escuela situada en la misma ciudad. Esto también me enseñó la lección sobre los distintos abordajes de la seguridad en diferentes comunidades y entornos.

Imagen 2.4

Dos paneles solares de 140 W a la vista de todos, alimentan de energía una escuela en La Yuca, Santo Domingo, República Dominicana con los estudiantes Jackson Ingram y Javier Durán en el centro. Appropedia.org/La_Yuca_renewable_energy_2014

2.4. Refugio de animales G2G

Dos años después de iniciar proyectos en la República Dominicana, empezamos a trabajar con Ghetto2Garden en 2013 para construir un refugio de animales energéticamente independiente. Ghetto2Garden (G2G) es un refugio de animales en Santo Domingo, República Dominicana. Como amante de los animales, me emocionó que Tomás De Santis, de G2G, me pidiera que diseñara un sistema fotovoltaico. Un equipo de estudiantes estadounidenses y dominicanos empezó a crear diseños y prototipos. Sus resultados fueron fantásticos, creativos, educativos e ingeniosos. Los componentes electrónicos se guardaron en torres de Grandes Recipientes a Granel (GRG) y en la parte superior se mostraron con atrevimiento los paneles solares (Imagen 2.5). Las torres GRG estaban ubicadas en el centro del refugio de animales para que el equipo pudiera verse y con suerte, generar algo de inspiración a favor de la energía renovable, pero también lejos de los bordes, para evitar robos. Los cerca de 100 perros, la mayoría pit bulls que nadie quería, se dividieron en manadas y se asignó una torre GRG a cada una de ellas para proporcionarles luz e iluminarlas.

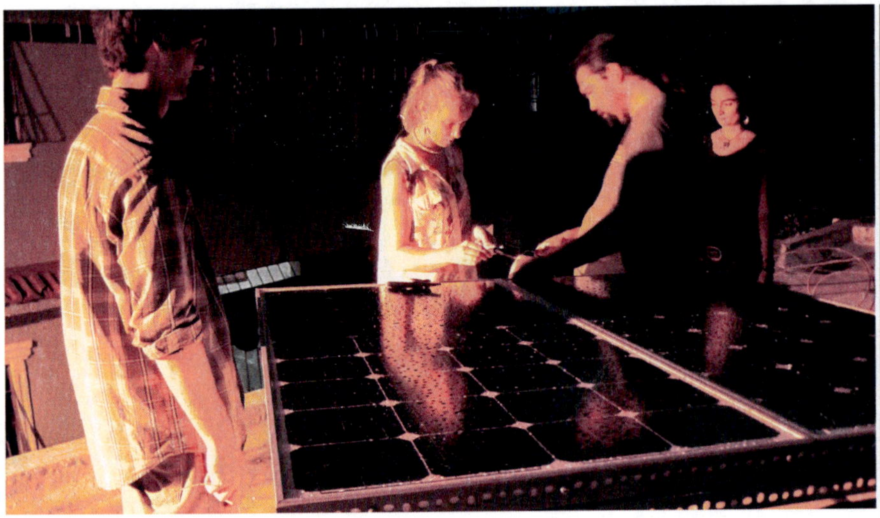

Imagen 2.5
Primer plano de un único GRG con las unidades escondidas en su interior y un panel solar encima (izquierda). Torre GRG con luz iluminada con energía solar (derecha).

Durante la siguiente reunión, compartimos con el cliente los prototipos hechos de plastilina. Representamos la estructura de la manada tal y como nos la había descrito en nuestras entrevistas previas. Vio el defecto de inmediato. Nuestros estudiantes se desilusionaron a medida que el hombre explicaba que robarían los paneles y el equipo. Contraargumentamos que nadie podría alcanzar los paneles sin pasar antes entre muchos, muchos perros. Se encogió de hombros ante ese argumento y nos lanzó una frase que nos estremeció: «Los ladrones simplemente envenenarán a todos los perros». Mi ingenuidad de nuevo me hacía una mala pasada. Con esta información deprimente recién asimilada, los estudiantes volvieron a la mesa de trabajo. Finalmente, lo mantuvieron todo menos la ostentosa exhibición del equipo, que pasó a estar escondido encima de los tres niveles de GRG, encadenado y rodeado de alambre de púas. Me volvieron a la mente aquellos problemas similares que había tenido durante mis prácticas con SERC (Apartado 2.1), pero esta vez era mucho más fácil esconder los paneles porque estábamos más cerca del ecuador, y los paneles planos implicarían una menor pérdida de energía que los paneles planos a mayor latitud. Y aun más importante, esta vez nos dimos cuenta del error de diseño inmediatamente, gracias al prototipo, en lugar de esperar hasta el final del proyecto de diseño para encontrar el error. Estas lecciones específicas ponen a prueba mi ingenuidad de vez en cuando: en ambientes económicamente ricos, el vandalismo de los paneles solares es bastante común, y en ambientes económicamente pobres, el robo es a menudo una amenaza grave.

El sistema final proporcionó luz a los animales y ayudó al refugio.

En 2014, un año después del sistema solar inicial de G2G, el refugio logró su sueño de mudarse de la ciudad al campo, lo que proporcionó muchas nuevas oportunidades y problemas. El nuevo problema fue que las necesidades energéticas habían aumentado. Por ejemplo, necesitaban un refrigerador para las vacunas y la red eléctrica era intermitente. La compañía eléctrica contaba con apagones diarios programados. Esta comunidad rural recibía tres horas de energía eléctrica al día, y nadie sabía cuándo serían esas tres horas. Gestionar un refugio, en una colina, con más de 120 perros y 30 gatos, voluntarios y un empleado deviene más difícil si no se sabe cuándo habrá electricidad.

Juntos, con una historia común de diseño, desarrollamos un sistema nuevo. Un electricista y conductor de camioneta local de La Yuca (la comunidad en la que trabajamos para diseñar una escuela en el Apartado 2.3) nos ayudó con el equipo, transporte, mangos y construcción. El robo seguía siendo un problema pero lo solucionamos al disponer de contenedores de almacenamiento que se usaban como oficina y almacén. Los paneles iban a estar colocados en horizontal, sobre el techo de esos grande contenedores.

El proceso de diseño fue rápido, ya que estaba basado en los aprendizajes previos. Además, el equipo decidió elevar el nivel intentando construir el sistema utilizando los estándares de la normativa estadounidense, incluyendo fusibles, protección con conexión a tierra, una varilla de conexión a tierra y un pararrayos (Imagen 2.6).

Imagen 2.6

Fotografías in situ (izquierda), la mayoría de ellas incluidas por los hermosos perros. El sistema completo (derecha) de Ghetto2Garden colocado en el suelo para sacar la foto y para poder montar el sistema y así obtener energía temporal y utilizar las herramientas eléctricas que necesitábamos para montar el sistema.

Después de todas las iteraciones y de encontrar el equipo adecuado, llegamos al lugar fuera de la ciudad. En ese lugar no hay telecomunicaciones (ni teléfono celular, ni internet). Cuando llegamos, Tomás se excusó y nos explicó que no había habido electricidad en días, por lo que no había podido cargar el equipo (por ej. los taladros). Ese fue uno de mis momentos de orgullo solar favoritos. Primero construimos el sistema solar completo en el suelo y lo utilizamos para alimentar el equipo y poder integrar el sistema al edificio. ¡Vivan los sistemas de energía distribuidos!

2.5. Baraut, India

El verano de 2018 nos encontró a mí, a siete estudiantes estadounidenses (de Cal Poly Humboldt, California) y a ocho estudiantes indios (de Lady Irwin College, Nueva Delhi) viviendo en parejas asignadas con familias en Baraut (una pequeña ciudad en la región de Uttar Pradesh al norte de India). Era el codirector del programa junto con la Dra. Meenal Rana, la visionaria creadora del programa en la India que unía colaboraciones fascinantes entre universidades, organizaciones y comunidades. Nuestro anfitrión era ESRO (Environment & Social Research Organization), una oenegé local con sede en Baraut, que coordinó nuestro trabajo en dos pueblos cercanos, Tavelagarhi y Daula.

Nos recibieron tan cálidamente como el tiempo que hacía. En el segundo día en Baraut, ESRO organizó un acto de entrega de premios y recepción en nuestro honor (Imagen 2.7). Durante días practiqué mi discurso de apertura en hindi: "Namaskar! Aapke pyar bhare swagat k liye dhanyawad. Mein aapka abhari hoon. Mera naam Lonny Grafman hai aur mein Cal Poly Humboldt mein Engineering ka professor hoon."

Que en español sería: «Hola (respetuosamente). Les agradezco su cálida bienvenida. Me llamo Lonny Grafman y soy profesor de ingeniería en Cal Poly Humboldt."

Me costó un poco, debido a los sonidos que no son habituales en ninguna de las lenguas que suelo hablar. El público aplaudió, lo que fue de agradecer. Después, Meenal Rana empezó a interpretar lo que decía. Empecé diciéndoles, «Estuve practicando bastante, y fue difícil. Salvo por dos palabras: «Namaskar», porque es una palabra que se suele escuchar en California, y «priya», porque describe cómo nos han recibido aquí.» Pensé que «priya» significaba calidez. Pero no es así. De hecho, es un nombre bastante común. Meenal me miró confundida y preguntó, «¿Qué?» Yo repetí, «calidez». Corrigió la metedura de pata ante todos. Por lo que en mi primer discurso en inglés a la comunidad, dije que solo había dos palabras fáciles para mí en Hindi, las que acababa de decir, ¡y me había equivocado en el 50 % de ellas! Esto fue un presagio de las anécdotas que ocurrirían en el transcurso del verano. También es una de mis partes favoritas al trabajar en lugares nuevos. Cuando estoy muy familiarizado con la lengua y el ambiente, me resulta fácil empezar a preguntarme si tengo razón en mi lenguaje y valoraciones. Tengo que recordarme activamente que seguramente se me está escapando algo y que debo mantener mis sentidos alerta, en busca de información contradictoria. No necesito recordármelo en lugares nuevos, puesto que el ambiente me lo recuerda a diario.

Imagen 2.7

Acto de apertura del primer día con participantes del programa de verano.

El norte de India es muy caluroso en verano. Nuestra primera semana no bajó de los 38 °C y fue muy húmeda. Los estudiantes se estaban familiarizando con ir al baño en cuclillas, sudar sin parar, comida nueva, alojamientos distintos, y lo más difícil, costumbres nuevas. Nuestro grupo era predominantemente femenino. Había un estudiante varón y un profesor varón (yo). Nuestros estudiantes provenían de los lugares más progresistas y liberales de sus respectivos países. La ciudad de Baraut era muy tradicional y los pueblos en Uttar Pradesh lo eran aun más. Las dinámicas tradicionales de género seguían siendo muy fuertes y se mantenían en estos lugares. Todos teníamos mucho que aprender y todos nuestros estudiantes tuvieron que adaptarse al ambiente.

Por suerte, como con todos los proyectos, el primer paso es construir empatía. El trabajo de nuestros estudiantes, como viajeros, huéspedes y diseñadores era observar y comprender. Antes de nuestra llegada, una organización independiente, el Center for Environment Communication (centro para la comunicación ambiental) condujo entrevistas con los miembros de la comunidad local. Fue bastante impresionante, no solo por su dedicación (proporcionaron más de 44 horas de entrevistas), sino también por su flexibilidad y comprensión. Al principio, los entrevistadores sugerían que preguntáramos la típica pregunta principal que la mayoría de oenegés hace, como:

- «En una escala del 1 al 5, ¿cuán importante es la energía?»
- «En una escala del 1 al 5, ¿cuán problemática es la basura?»

Me gustan estas preguntas, porque producen gráficos excelentes y ayudan a obtener subvenciones y evaluaciones, sin embargo, no son las mejores constructoras de empatía ni de diseño. En lugar de esto, trabajamos juntos para crear preguntas enfocadas en el diseño, como:

- «Describe uno de tus días de la semana.»
- «Describe una vez en que tuviste un problema y lo pudiste solucionar.»
- «Describe una vez en que tuviste un problema y no lo pudiste solucionar.»

Este tipo de preguntas abiertas son difíciles de cuantificar. No son ciencia. En mi opinión, construyen empatía y nos dicen más de lo que quiere el público. A través de estas preguntas, descubrimos que las principales prioridades eran el agua, el saneamiento y la energía. Un ejemplo de historia de usuario que resalta la necesidad de energía vino de una niña de un pueblo que describió su problema, que traducido y parafraseado decía algo así, «No tenemos suministro eléctrico estable. Cuando hay apagones, a veces no puedo terminar mi tarea. Por eso, me castigan en clase y no me dejan sentarme en clase.» Este tipo de historias ayuda a comprender el problema y empieza a rodear la solución (por ejemplo, iluminación solar muy pequeña para hacer la tarea). Por lo tanto, llevé mis herramientas favoritas de energía solar, especialmente algunos multímetros buenos. Intento no llevar suministros, ya que abastecerse a nivel local suele facilitar el éxito del proyecto a largo plazo; pero no me pude resistir y también llevé algún panel eficiente pequeño y mis cargadores USB favoritos, resistentes al agua (Imagen 2.8).

Imagen 2.8
Cargadores USB resistentes al agua y pequeños, diseñados para manifestaciones en Dakota del Norte, pero llevado a India como herramienta educativa y, esperemos, inspiradora.

Una vez estuvimos en el lugar, llevamos a cabo nuestras propias entrevistas, conversaciones y observaciones, y lo más importante, creamos equipos que incluyeron una mezcla diversa de estudiantes y miembros de la comunidad. Después de las primeras dos semanas, abandonamos los problemas de energía solar, ya que el agua y los residuos eran más urgentes. Dimos una clase pequeña de energía solar en la comunidad. Luego dejé de lado mis herramientas para la energía solar por el verano, hasta que RK Singh, un miembro de la comunidad que tiene una tienda de electrónica en Baraut, sugirió que lo ayudáramos a construir su sistema.

Iba a construir el tercer sistema en Baraut, esta vez en su propia casa. Iba a ser un sistema de 576 W con un aspecto muy especial. El sistema tendría una reja metálica encima de todos los paneles (Imagen 2.9) Por supuesto, que esto reduciría la eficiencia, y por lo tanto, la salida de potencia del conjunto, por lo que ¿por qué ponerlos? RK me dijo que lo hacía para prevenir la rotura de los paneles por las piedras que tirarían los monos a los paneles. Por supuesto, acepté su razonamiento, ya que tiene años de experiencia con energía solar y con monos. Esperaba ver este comportamiento yo mismo, y me había preguntado con anterioridad por qué los monos tiran piedras a los paneles. Pensé que quizás era debido al reflejo brillante, igual que algunos pájaros atacan las ventanas.

Imagen 2.9
Equipo de instaladoras con los ocho últimos paneles y protector metálico en el tejado de RK Singh, en Baraut, Uttar Pradesh, India.

Ensamblamos el sistema juntos. Obviamente, el día era muy caluroso, y el tejado estaba aun más caliente. Al final de la instalación, tomamos una decisión errada y asumimos que todos los paneles que parecían iguales a los aprobados por el gobierno y que estábamos instalando eran idénticos. No lo eran. Resultó que los terminales positivos y negativos de algunos de los paneles estaban invertidos. Por suerte, no rompimos nada, y los probamos antes de terminar la instalación. Con el multímetro pudimos determinar la polaridad correcta de cada uno de los paneles y los cableamos de nuevo para que funcionaran (Imagen 2.10).

Imagen 2.10
RK Singh con cuatro de los ochos paneles aparentemente idénticos, pero cuyas cajas de conexiones tenían la polaridad invertida, y que casi descubrimos demasiado tarde.

Durante la instalación, estaba enseñando a los estudiantes de instalación sobre la pérdida de eficiencia debido a la reja. Al final, RK me llamó y me preguntó en su inglés más educado si yo creía que los monos tiraban piedras a los paneles solares. ¡Sí lo creía! Pensé que eso era lo que me había enseñado. Parece que debido a una diferencia lingüística, no le había comprendido bien. Resulta que la protección era para detener las piedras que las personas tiran a los monos y así evitar que entren en sus casas a robar cosas. Suele pasar que los monos están en las alturas cuando traman sus fechorías. También, los paneles están altos, en los tejados, lejos de las miradas, pero justo en el camino de la piedra si esta no le da al mono, lo que suele ocurrir casi siempre. Ahora el mundo cobraba un poco más de sentido. Esa reja es una historia interesante sobre las diferencias ambientales. También es un ejemplo contundente de las contrapartidas en criterios como costo, durabilidad y potencia de salida. ¿Compensa el 10 % de reducción de potencia los años extra de durabilidad? Casi con toda seguridad; y los números pueden afirmarlo sin duda.

2.6. Parras de la Fuente, México

Parras de la Fuente es un oasis en el desierto de Coahuila, en el norte de México. Como su nombre sugiere, Parras está repleta de fuentes de agua y tiene la primera bodega de vinos de las Américas. Al estar en el desierto, Parras tiene un promedio de cinco horas de sol al día (con más de siete horas en los meses soleados y más de cuatro en los meses lluviosos),[8] por lo que encaja perfectamente para la energía solar.

Este contexto político y ambiental fue explorado por mi codirector, el Dr. Francisco de la Cabada de Cal Poly Humboldt (CPH), nuestros enlaces con la comunidad de la Universidad Tecnológica de Coahuila (UTC), y especialmente a través del trabajo de Carlos Alejandro Ramírez Rincón (director), Simón Leija (instructor de ciencias medioambientales) y Aida Ibarra (instructora de negocios).[9]

8 Este alto valor de radiación solar es genial para la producción fotovoltaica y se cubrirá en capítulos posteriores.

9 Grafman, L. (2018). *Atrapando la lluvia*. Humboldt State Press ISBN 978-1947112049.

En el verano de 2006, nosotros (el programa Practivistas, junto con miembros de la comunidad local, estudiantes, profesores de UTC y de CPH) trabajamos con el centro de salud de Parras. Durante nuestras evaluaciones de necesidades y recursos, las necesidades prioritarias aparentes del centro de salud eran todos los proyectos para los que no teníamos la capacidad de ayudarlos. La lista de necesidades incluían más médicos, más personal de enfermería, más dinero y más vacunas. Al iterar estas necesidades, descubrimos que se necesitaban más vacunas debido a los frecuentes cortes en el suministro eléctrico, que las estropeaba. En ese momento la comunidad tenía que esperar a que el gobierno enviara más vacunas. Que las vacunas se estropearan debido a los apagones fue una oportunidad fantástica para nuestra colaboración en ese soleado desierto. Incluso cuando los precios de la energía solar eran 10 veces más caros en 2006 que en 2021, confiábamos en que codiseñaríamos un sistema asequible que cumpliera con las necesidades, siempre y cuando pudiéramos obtener algunas donaciones.[10]

Empezamos a trabajar casi simultáneamente en el diseño de un sistema y en la adquisición de donaciones. El coste de este sistema tenía que estar por debajo de los 500 dólares estadounidenses, lo que significaba que necesitábamos muchas donaciones. Con cartas tanto del centro de salud como de ambas universidades, obtuvimos donaciones para paneles, un regulador de carga, envío y una nevera eficiente para vacunas, de Sunfrost.[11]

Todo iba sobre ruedas hasta que los paneles solares quedaron trabados en la aduana. La aduana quería cobrar más por importar los paneles de lo que valían. El gobierno local nos ayudó, pero aun así no podíamos conseguir los paneles sin pagar en la aduana. A pesar de que el centro de salud no tenía una urgencia apremiante en terminar el proyecto, porque Antonio, su técnico, había participado en el proceso de diseño, nuestros estudiantes que debían involucrarse en la construcción para cumplir con objetivos académicos tenían el tiempo en su contra. Finalmente pagamos los aranceles de aduana para que autorizara la entrada de los paneles donados.

10 Dicho esto, también empecé a trabajar en un refrigerador de absorción solar que usaba amoníaco en lugar de un compresor eléctrico. El proceso funcionó hasta que yo, en uno de mis momentos más vergonzosos, tuve que evacuar el campus de UTC después de verter amoníaco en un recolector térmico solar que se había calentado mucho más rápidamente de lo que había anticipado. El amoníaco se evaporó mucho más rápido bajo el sol del desierto del norte de México que en la costa brumosa del norte de California, donde había practicado el vertido. Todos terminaron estando bien, gracias a los procedimientos de seguridad.

11 Las neveras Sunfrost (http://www.sunfrost.com/) eran en aquella época las neveras más eficientes y las fabricaba el brillante inventor Larry Schlussler.

Cuando finalmente llegaron los paneles, el programa estaba terminando oficialmente, y yo seguía esperando construir el sistema con todos los presentes. Con emoción y aprensión, abrimos el paquete. Rápidamente buscamos cualquier señal de daños por el envío (y por haber esperado una eternidad en la aduana), le dimos la vuelta al panel solo para ver una muestra de ironía. En lugar de suspirar aliviados, nos reímos a carcajadas. En la parte posterior del panel, una pegatina clamaba «Hecho en México».

Rápidamente montamos el sistema, salvo el refrigerador que seguía en camino. Finalmente llegó después de que se marcharan todos los estudiantes salvo uno, Jeff Kinzer, quien terminó el sistema junto con Antonio.

Imagen 2.11

Refrigerador fotovoltaico para vacunas en el Centro de Salud de Parras, México, con un regulador de carga y batería (izquierda), paneles solares y estanterías improvisadas (derecha), y Antonio, el técnico, con la nevera (centro).

El sistema funcionó genial y mantuvo las vacunas frías. Fue inspirador ver cómo pudimos hacer una lluvia de ideas y trabajar juntos para cumplir con nuestras necesidades. Los estudiantes que formaron parte del proyecto ahora han instalado ya más de 100.000 kW de sistemas fotovoltaicos en todo el mundo, como Aleiha Haley Wayman, quien está ayudando a que Hawái alcance el mandato de llegar al 100 % de energía renovable para el 2045.

A pesar de todo, podríamos haber hecho las cosas mejor (lo que siempre es cierto). Años después de nuestra instalación, la vida de las baterías llegaba a su fin, el técnico del Centro de Salud creó un sistema incluso mejor, utilizando la «nevera de vacunas» para hacer hielo que mantendría otras neveras de vacunas frías durante los apagones. Este sistema nuevo ahorró bastante dinero en almacenamiento de baterías al usar la masa térmica del hielo para almacenar, en lugar de la electroquímica de las baterías. Con todas las donaciones a nuestro sistema, la batería se llevó más del 50 % del costo, lo que significa que podríamos haber construido dos sistemas que hicieran hielo, en lugar de uno con batería.

2.7. Las Malvinas, República Dominicana

Las Malvinas II, en la República Dominicana, es una comunidad ad hoc construida en la margen del río Isabel, cerca de una zona industrial. Muchas fábricas se emplazan cerca de los ríos, y muchas comunidades ad hoc empiezan con trabajadores que se mudan cerca de estas industrias. Mi primera visita en 2010 fue a una comunidad con fuertes vínculos comunitarios y de gobierno, y con muy escasos recursos. Desde esta primera visita, todas las métricas más obvias de la salud humana han mejorado, especialmente en cuanto al acceso al agua, educación, alojamiento y empleo. Ha sido un placer ser testigo del crecimiento y transformación mediante el trabajo de una *junta de vecinos* comprometida y gestionada por Ana Sobeida Familia (y Heriberto Eddie Trinidad, antes que ella) y tantos otros miembros inspiradores de la comunidad y las organizaciones.

En los primeros años de trabajar juntos, las necesidades de la comunidad se centraban sobre todo en educación, salud, construcción y agua. Juntos construimos una escuela reciclada, un sistema de recolección de agua de lluvia, una estructura para dar sombra en la comunidad e inventamos materiales nuevos como los ladrillos Hullkrete (fabricados de desechos de cáscaras de arroz, cenizas de cáscaras de arroz, arcilla, arena y cemento). En 2015, la energía subió en la lista de las necesidades de la comunidad. Basándonos en nuestros aprendizajes del pasado en las sesiones de lluvia de ideas con la comunidad, decidimos hacer una serie de talleres sobre energía solar con los electricistas locales.

Cualquiera que se identificara como electricista cualificado era bienvenido para participar en ellas. Bernardo Martínez convirtió su casa en un aula y laboratorio. Estos talleres consistían de algunas lecciones de matemáticas y componentes fotovoltaicos, de muchos momentos en que tomamos productos solares rotos y los usamos para aprender sobre los componentes solares. En la Imagen 2.12, el hijo de Bernardo, Junior Bernardo Martínez,[12] con solo 15 años arregla una linterna solar.

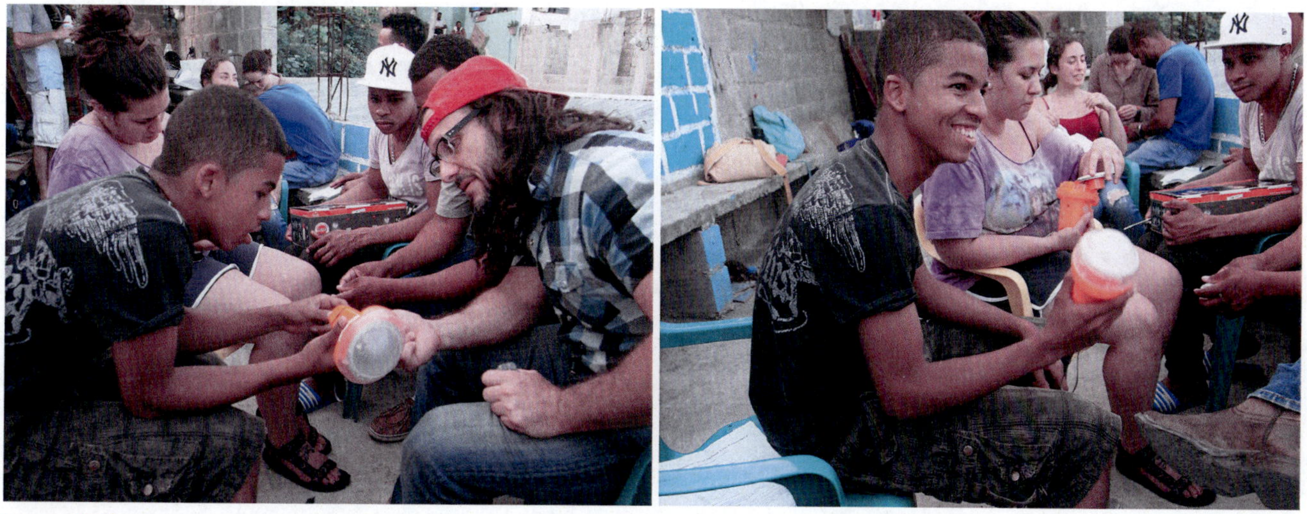

Imagen 2.12
Componentes solares rotos arreglados por Junior Bernardo Martínez durante un taller sobre energía solar en Las Malvinas.

Después de que los electricistas aprendieran sobre energía solar, el equipo intentó construir una farmacia pública solar. Los electricistas y los estudiantes diseñaron y construyeron un sistema fotovoltaico completo y lo utilizaron para enseñar al resto de la comunidad sobre la energía solar. La imagen 2.13 muestra a Bernardo enseñando sobre el nuevo sistema fotovoltaico más grande, de 250 W, y los estudiantes presentando sobre todos los proyectos (derecha).

12 En aquel entonces, Junior ya había hecho una bobina de Tesla como partes desechadas del vertedero. Hoy, en 2021, ¡Junior está a punto de graduarse de la universidad con un título en ingeniería eléctrica!

Imagen 2.13
Bernardo enseñando energía fotovoltaica en el nuevo sistema fotovoltaico completo, de 250 W (izquierda), y los estudiantes presentando sobre todos los proyectos comunitarios frente al edificio nuevo y planificado de la farmacia pública (derecha).[13]

Me encantan las fotografías de la izquierda en las dos últimas imágenes ya que se ve mi gorra roja alejándose cada vez más de la acción. Mi trabajo es convertirme en irrelevante, por lo que cuanto más lejos esté, más seguridad tengo del éxito del proyecto. Las lecciones que proporcionó este proyecto fueron basarse en las necesidades de la comunidad y la participación, empezando con poco, construyendo sobre los aciertos, repitiendo en vivo junto con las partes interesadas cada uno de los pasos, y apoyando a los líderes locales cuando gestionaban proyectos más complejos y la formación. Las personas de esta y otras comunidades han aprendido de este proyecto y han construido más.

13 El gobierno nunca cumplió su promesa de conceder una farmacia pública. Ahora este edificio y el sistema lo alquila un fabricante local de jabón que apoya a la comunidad - https://www.esperanza-soaps.com/. Estoy muy contento de escuchar esto, y desearía que hubiéramos logrado asegurar que se cumpliera el compromiso del gobierno para cubrir las necesidades de una farmacia pública.

3. Conceptos solares

3.1. Energía solar

El Sol ha utilizado menos de la mitad de su combustible de hidrógeno y debería seguir con nosotros al menos otros 5 mil millones de años.[14] Y aun con todo, el Sol es increíblemente, casi inconmensurablemente, poderoso. A cada hora, la cantidad de energía del Sol que alcanza la Tierra es más que toda la que consumen los humanos en un año.[15] La luz solar tiene de lejos el mayor potencial teórico de recurso de energía renovable de la Tierra, y es obvio que hay mucha más energía que proviene del Sol de la que necesitamos. La **constante solar,** que es el flujo solar que alcanza la Tierra es de 1,36 kW/m^2.[16] Estos números son difíciles de visualizar, pero nos podemos imaginar la energía del Sol fácilmente con imágenes de la NASA, como en la Imagen 3.1.

---

14 ¿Algún día se acabará el Sol? https://www.space.com/14732-sun-burns-star-death.html

15 Este dato increíble debería engancharte a la energía solar https://www.businessinsider.com/this-is-the-potential-of-solar-power-2015-9

16 Kopp, G.; Lean, J. L. (2011). "A new, lower value of total solar irradiance: Evidence and climate significance". *Geophysical Research Letters. 38* (1). doi:10.1029/2010GL045777.

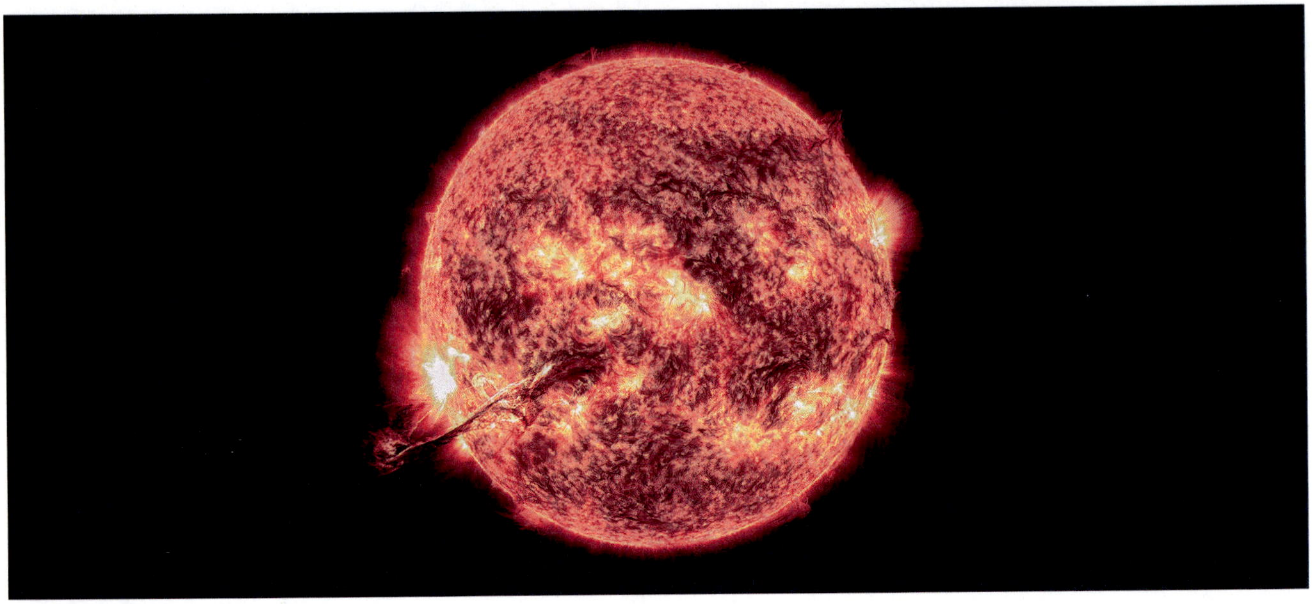

Imagen 3.1
El Sol - cortesía de la NASA.

El promedio espacio-temporal de la constante solar que alcanza la parte externa de la atmósfera terrestre es de 342 W/m^2. Para los astronautas que necesitan energía para la estación espacial es bueno utilizar ese valor, sin embargo, alrededor de un tercio de esta se dispersa o absorbe antes de que nosotros, terrícolas, podamos hacer algo con ella. Por ejemplo, el ozono (O_3), el dióxido de carbono (CO_2), y el agua (H_2O) tienen propiedades de absorción muy bajas. Esto nos deja con alrededor de 175 W/m^2. Esto es mucha energía, pero aun tenemos que atraparla. Cuando recogemos la energía del sol con celdas solares, esto se llama **energía solar**. La potencia solar se mide en vatios (W). Para hacernos a la idea, un teléfono celular normal consume aproximadamente de 3 a 30 vatios cuando se carga, mientras que un cargador que se deja enchufado sin el teléfono móvil consume entre 0,1 y 0,5 vatios.[17] Para comprender mejor la energía del sol, veremos cómo calcular la potencia y la energía de las celdas y de los sistemas solares en el apartado de dimensionado.

17 Consumo eléctrico de un cargador de teléfono móvil http://energyusecalculator.com/electricity_cellphone.htm

Hay muchos tipos de energía del Sol, ya que constantemente irradia una variedad de colores (o longitudes de onda) que van desde las UV (ultravioletas, que gracias a la capa de ozono quedan mayoritariamente bloqueadas antes de alcanzar la superficie) a las infrarrojas tal y como se pueden observar en la Imagen 3.2. La luz solar está formada por partículas de luz llamadas **fotones**. Cuando miramos el Sol, vemos una mezcla de fotones con distintos colores. Cada fotón individual viene en un único color (o longitud de onda) a la vez, y estos colores tienen distintos tipos de energía asociada a ellos. Por ejemplo, en un día soleado, al mediodía, deberíamos ponernos protector solar en la piel para bloquear los fotones de energía UV, responsables del cáncer de piel.

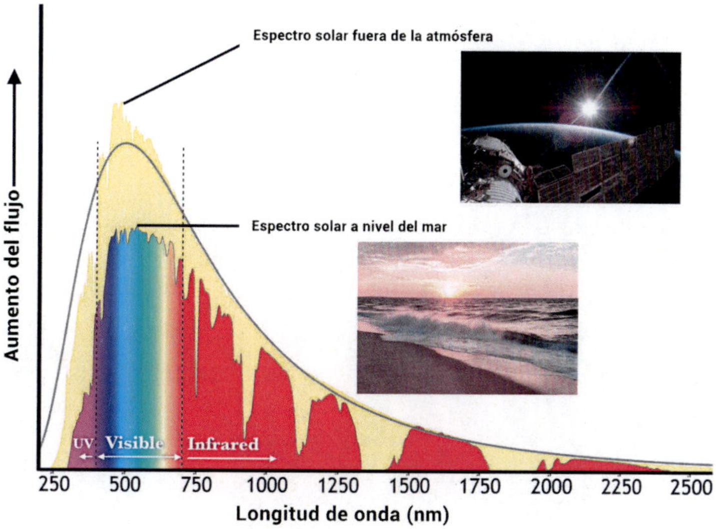

Imagen 3.2

El espectro solar en el espacio y a nivel del mar.[18]

La imagen 3.2 muestra el espectro de luz solar, o el flujo de fotones que llegan a la Tierra vs. las longitudes de onda (o colores) de los fotones. Las barras amarillas representan el espectro solar fuera de la atmósfera. El espectro alcanza un pico en la parte visible tal y como indica la física de la radiación del cuerpo negro a 5800 K (esta es la temperatura

18 Imagen de http://www.appropedia.org/Solar_Photovoltaic_Open_Lectures
https://www.flickr.com/photos/gsfc/12867973205 CCBY
https://pxhere.com/en/photo/1026597 CCO

de la superficie del Sol, y todos los objetos desprenden radiación según su temperatura). Las zonas en que falta constante solar (línea negra) en la superficie de la Tierra se deben a la absorción del vapor de agua y del dióxido de carbono. Como podemos ver muy claramente, la energía solar no es solo una única longitud de onda (energía, frecuencia o color de luz). Alrededor del 48 % de la luz es visible al ojo humano, el 45,6 % es infrarroja y el 6,4 % es UV. Esto complica un poco la captura de la luz solar con celdas solares, como veremos en el próximo apartado.

3.2. Sistemas fotovoltaicos

Los sistemas fotovoltaicos (PV, por photovoltaic en inglés) convierten la energía lumínica directamente en electricidad. Los sistemas fotovoltaicos también se conocen como «celdas o células solares». El sistema fotovoltaico más simple alimenta calculadoras pequeñas y juguetes de los niños. Puedes construir un sistema fotovoltaico un poco más complicado para cargar tu teléfono celular (Imagen 3.3) o para electrificar una cerca (Imagen 3.4).

Imagen 3.3
Cargador híbrido Solio alimentando un teléfono celular. Imagen de Alan Levine, en el dominio público.

Imagen 3.4
Cerca eléctrica alimentada con energía solar en el pueblo de Oittila, Jyväskylä, Finlandia. https://commons.wikimedia.org/wiki/File:Solar_powered_electric_fence.jpg

Los sistemas fotovoltaicos un poco más caros pueden proporcionar energía para las computadoras y otros aparatos eléctricos en una biblioteca, escuela, casa o edificio (Imagen 3.5). Estos sistemas fotovoltaicos pueden montarse en los tejados o en las paredes, así como en el suelo. Esto permite que el sistema fotovoltaico opere para producir electricidad sin impactar a la población humana de la zona.

Imagen 3.5
Paneles solares en el tejado de un edificio en la Facultad de ingeniería, KNUST, Kumasi, Ghana. https://commons.wikimedia.org/wiki/File:Solar_panels,_KNUST.jpg CC-By-SA

Finalmente, sistemas más complejos como el mostrado en la Imagen 3.6, llamados **granjas solares** ya proporcionan una porción de la electricidad de las redes más importantes del mundo, y esta porción crece con rapidez, puesto que los sistemas fotovoltaicos son la fuente de energía que crece más rápidamente en el mundo.[19]

19 La energía solar es la fuente de energía que crece más rápidamente. USA Today 2017. *https://www.usatoday.com/story/money/2017/10/04/solar-energy-fastest-growing-source-power/730594001/*

Imagen 3.6

Granja solar fotovoltaica grande a gran escala, detrás de una cerca en los Estados Unidos.

La tecnología fotovoltaica tiene una serie de ventajas frente a las tecnologías convencionales que generan energía eléctrica.

Los sistemas fotovoltaicos son realmente **tecnología limpia y verde con numerosos beneficios medioambientales y para la salud.**[20] Los paneles fotovoltaicos no requieren el uso de combustibles fósiles como el carbón, el petróleo o el gas natural en el proceso de producción de la energía. Además, **los módulos fotovoltaicos producen mucha más energía en su vida útil que lo que lleva producirlos.**[21] Por lo tanto, los sistemas fotovoltaicos pueden pensarse como una tecnología propicia para generar energía que debería crecer rápidamente para sustituir lo antes posible los

20 Wiser, R., Millstein, D., Mai, T., Macknick, J., Carpenter, A., Cohen, S., Cole, W., Frew, B. y Heath, G., 2016. The environmental and public health benefits of achieving high penetrations of solar energy in the United States. *Energy*, 113, pp.472-486. Ver también https://www.energy.gov/eere/solar/downloads/environmental-and-public-health-benefits-achieving-high-penetration-solar

21 Pearce, J. y Lau, A., 2002, Enero. Net energy analysis for sustainable energy production from silicon based solar cells. En *ASME Solar 2002: International Solar Energy Conference* (pp. 181-186). American Society of Mechanical Engineers. *http://alpha.chem.umb.edu/chemistry/ch471/evans%20files/Net_Energy%20solar%20cells.pdf*

combustibles fósiles.[22] **Los sistemas fotovoltaicos se fabrican con materiales abundantemente disponibles en la Tierra**. La gran mayoría de módulos fotovoltaicos disponibles utilizan el silicio como su principal componente.[23] Esto es bueno porque tenemos gran abundancia de silicio: es el segundo elemento más abundantes en la corteza terrestre.[24] Las celdas de silicio fabricadas a partir de una tonelada de arena producen tanta electricidad como quemar 500.000 toneladas de carbón.[25] Asimismo, las fuentes de energía convencionales han creado una serie de problemas medioambientales y de la salud para los humanos, como las emisiones de dióxido de carbono[26] que provocan el cambio climático,[27] la lluvia ácida,[28] la contaminación del aire,[29] el esmog,[30] la contaminación del agua,[31] los vertederos que se llenan muy rápido,[32] y la destrucción de hábitat debido a derrames de petróleo y a accidentes.[33] En los Estados Unidos, reemplazar la energía que proviene del carbón por energía solar podría salvar

22 Kenny, R., Law, C. y Pearce, J.M., 2010. Towards real energy economics: energy policy driven by life-cycle carbon emission. *Energy Policy*, 38(4), pp.1969-1978. http://mtu.academia.edu/JoshuaPearce/Papers/1540226/Towards_real_energy_economics_Energy_policy_driven_by_life-cycle_carbon_emission

23 La capacidad fotovoltaica solar de las empresas eléctricas está dominada por la tecnología de los paneles de silicio cristalino. US EIA. 2017. https://www.eia.gov/todayinenergy/detail.php?id=34112

24 10 Most Abundant Elements in the Earth's Crust, Fuente: *CRC Handbook of Chemistry and Physics, 77th Edition https://education.jlab.org/glossary/abund_ele.html*

25 Williams, B.W., 2006. Principles and Elements of Power Electronics. *Devices, Drivers, Applications and Passive Components*. University of Strathclyde Glasgow

26 Weisser, D. A guide to life-cycle greenhouse gas (GHG) emissions from electric supply technologies. *Energy 2007*; 32(9): 1543-1559.

27 Change, Intergovernmental Panel On Climate. "IPCC." *Climate change* (2014).

28 Epstein, P.R., Buonocore, J.J., Eckerle, K., Hendryx, M., Stout Iii, B.M., Heinberg, R., Clapp, R.W., May, B., Reinhart, N.L., Ahern, M.M. y Doshi, S.K., 2011. Full cost accounting for the life cycle of coal. *Annals of the New York Academy of Sciences, 1219(1)*, pp.73-98.

29 Kampa, M, Castanas, E. Human health effects of air pollution. Environmental Pollution 2008;151(2): 362-367. | Curtis, L, Rea, W, Smith-Willis, P, Fenyves, E, Pan, Y. Adverse health effects of outdoor air pollutants. Environment International 2006;32(6): 815-830. | Gaffney, J, Marley, N. The impacts of combustion emissions on air quality and climate - from coal to biofuels and beyond. Atmospheric Environment 2009;43(1): 23-36. | Smith, K, Frumkin, H, Balakrishnan, K, Butler, C, Chafe, Z, Fairlie, I, Kinney, P, Kjellstrom, | T, Mauzerall, D, McKone, T, McMichael, A, Schneider, M. Energy y human health. Annual Review of Public Health 2013;34:159-188. | Finkelman, R, Orem, W, Castranova, V, Tatu, C, Belkin, H, Zheng, B, Lerch, H, Maharaj, | S, Bates, A. Health impacts of coal and coal use: possible solutions. International Journal of Coal Geology 2002;50(1-4); 425-443.

30 Zhang, J.J. y Samet, J.M., 2015. Chinese haze versus Western smog: lessons learned. *Journal of thoracic disease*, 7(1), p.3.

31 Winchester, J.W. y Nifong, G.D., 1971. Water pollution in Lake Michigan by trace elements from pollution aerosol fallout. *Water, Air, and Soil Pollution, 1*(1), pp.50-64.

32 Komnitsas, K., Paspaliaris, I., Zilberchmidt, M. y Groudev, S., 2001. Environmental impacts at coal waste disposal sites-efficiency of desulfurization technologies. *Global Nest: the International Journal, 3*(2), pp.135-142.

33 Head, I.M. y Swannell, R.P., 1999. Bioremediation of petroleum hydrocarbon contaminants in marine habitats. *Current opinion in Biotechnology, 10*(3), pp.234-239.

52.000 vidas al año por la reducción de la contaminaciónon del aire, tal y como vemos en la Imagen 3.7.[34]

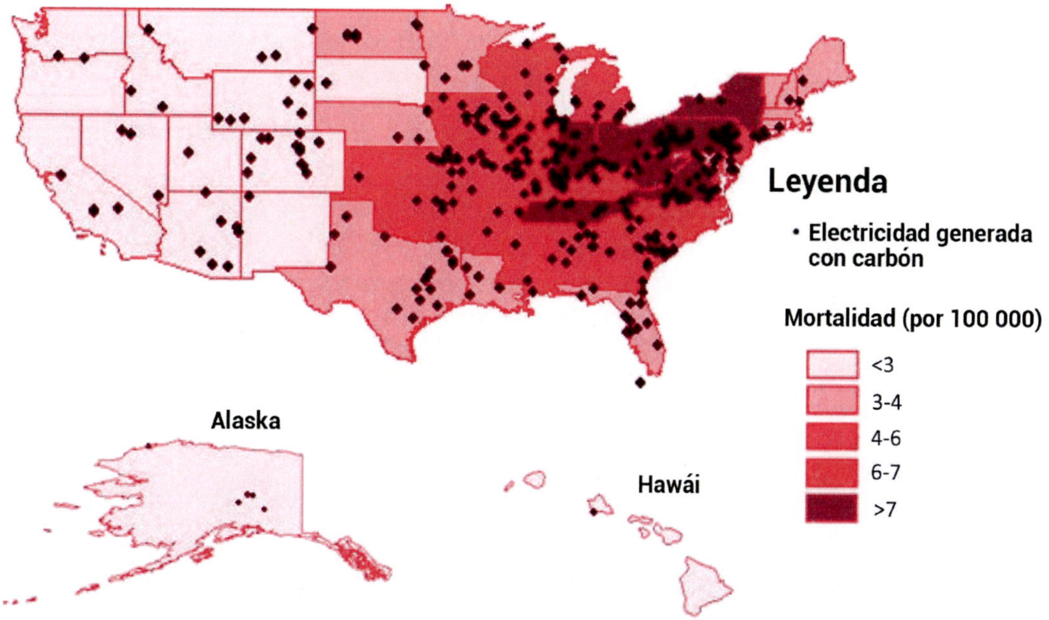

Imagen 3.7
Instalaciones eléctricas que usan carbón ubicadas en Estados Unidos y mortalidad anual debido a emisiones de carbón por 100.000 habitantes en cada uno de los estados de EE.UU. Si la energía solar sustituyera el carbón, se eliminarían estas muertes prematuras.[35]

- **La luz solar es gratuita**, lo que significa que los sistemas fotovoltaicos no tienen un coste de combustible asociado. Como no usa una fuente convencional de combustible, no genera un gasto de compra, almacenamiento o transporte del mismo combustible. Por lo tanto, los sistemas fotovoltaicos hacen que la energía sea abundante. **Los**

34 Prehoda, E.W. y Pearce, J.M., 2017. Potential lives saved by replacing coal with solar photovoltaic electricity production in the US. *Renewable and Sustainable Energy Reviews*, *80*, pp.710-715. https://www.academia.edu/33288631/Potential_Lives_Saved_by_Replacing_Coal_with_Solar_Photovoltaic_Electricity_Production_in_the

35 ibid

sistemas fotovoltaicos nos llevan[36] a lograr una sociedad con costo marginal casi cero.[37]

- Los costos de los sistemas fotovoltaicos se han reducido abruptamente,[38, 39] (como trataremos en el próximo apartado), y ahora las energías solar y eólica son las fuentes de electricidad menos caras en la mayoría del mundo.[40]
- **Los paneles de los sistemas fotovoltaicos tienen costos de operación y mantenimiento muy bajos.[41]** Para los sistemas pequeños descritos en este libro, este costo es desdeñable en comparación con los de otros sistemas de energía renovable y plantas eléctricas convencionales. En general, los sistemas fotovoltaicos no necesitan inspecciones frecuentes, ni ningún tipo de mantenimiento.[42]
- **Los sistemas fotovoltaicos funcionan en todos los lugares en los que brilla el sol**, es decir, en la mayoría de lugares donde viven y trabajan las personas.[43] Por lo tanto, los convierte en una tecnología en gran medida geográficamente agnóstica, lo que pueden reducir las guerras por los recursos naturales[44] y reducir las amenazas a la paz.[45]
- Los sistemas fotovoltaicos son **flexibles** y pueden diseñarse para múltiples aplicaciones y requisitos operativos, y puede utilizarse tanto para la producción de electricidad

---

36 Sawa. T. Toward a zero marginal cost society. Japan Times. *https://www.japantimes.co.jp/opinion/2018/01/24/commentary/world-commentary/toward-zero-marginal-cost-society/*

37 Rifkin, J., 2014. The zero marginal cost society: The internet of things, the collaborative commons, and the eclipse of capitalism. St. Martin's Press.

38 Kavlak, G., McNerney, J. y Trancik, J.E., 2018. Evaluating the causes of cost reduction in photovoltaic modules. *Energy Policy*, *123*, pp.700-710.

39 Runyon, J. US Residential and Commercial Installed Solar PV Prices Still Dropping. Renewable Energy World. 2018. https://www.renewableenergyworld.com/articles/2018/09/us-residential-and-commercial-installed-solar-pv-prices-still-dropping.html

40 Berke, J. One simple chart shows why an energy revolution is coming — and who is likely to come out on top. Business Insider. 2018. https://www.businessinsider.com/solar-power-cost-decrease-2018-5

41 Gielen, D., 2012. Renewable energy technologies: cost analysis series. *Sol Photovolt*, *1*(1). Irena.

42 Algunas baterías deben mantenerse y es posible que haya que limpiar los paneles, según su ubicación.

43 Build Direct. 2016. Where Does Solar Energy Work Best? Everywhere https://www.builddirect.com/blog/where-does-solar-energy-work-best-everywhere/

44 Klare, M., 2001. Resource wars: the new landscape of global conflict. Metropolitan Books.

45 Joshua M. Pearce, "Reducing the Threat of a Nuclear Iran with Photovoltaic Technology: The Generous Solar Option", *Peace Studies Journal 8*(1), pp. 50-54 (2015). https://www.academia.edu/19646204/Reducing_the_Threat_of_a_Nuclear_Iran_with_Photovoltaic_Technology_The_Generous_Solar_Option

centralizada o distribuida. **Los sistemas fotovoltaicos son ideales para la producción distribuida.**[46] La producción distribuida está en el centro del futuro de las redes de energía inteligentes. En este libro nos centramos en lo segundo, los sistemas fotovoltaicos que puedes construir para solucionar tus problemas. En algunos casos, los sistemas fotovoltaicos pueden ser incluso móviles o transportables y físicamente flexibles[47] para poder aplicarse a muchos tipos de situaciones.

- **Los sistemas fotovoltaicos son altamente fiables** y no tienen partes que se mueven.[48] Incluso bajo las condiciones más duras, los sistemas fotovoltaicos mantienen el suministro eléctrico. En comparación, las tecnologías convencionales a menudo fallan en los momentos más críticos.

- **Los módulos de sistemas fotovoltaicos son muy duraderos y tienen una vida útil larga**. En general, los módulos llevan una garantía del 80 % de su potencia nominal por 20 años o más. Por lo tanto, el peor caso sería un descenso esperado del 1 % de rendimiento al año. Varios estudios muestran que en el mundo real, hay incluso menos degradación, se sitúa entre el 0,2 % y el 0,5 % al año[49, 50] y los paneles de los sistemas fotovoltaicos pueden vivir hasta treinta años o más.[51]

- **Los paneles de los sistemas fotovoltaicos son completamente silenciosos**, lo que reduce la contaminación acústica si se usan en lugar de generadores. Esto también hace que los sistemas fotovoltaicos sean una solución óptima para residencias y otros lugares (como bibliotecas y escuelas, donde se valora el silencio) que se alimentan actualmente con generadores diésel. Deberíamos sin embargo indicar, que los inversores sí producen un leve zumbido.[52]

46 Caamaño-Martín, E., Laukamp, H., Jantsch, M., Erge, T., Thornycroft, J., De Moor, H., Cobben, S., Suna, D. y Gaiddon, B., 2008. Interaction between photovoltaic distributed generation and electricity networks. *Progress in Photovoltaics: research and applications*, *16*(7), pp.629-643.

47 Engineering.com 2016. Flexible Solar Cells with Flexible Applications *https://www.engineering.com/story/flexible-solar-cells-with-flexible-applications*

48 Salvo para los sistemas de rastreo, que no recomendamos. Los paneles de sistemas fotovoltaicos no tiene partes que se muevan mecánicamente; en consecuencia tienen menos roturas y requieren menos mantenimiento que otras tecnologías que generan energía (como los generadores, o las turbinas eólicas).

49 A. Realini, MTBF - PVm, Mean Time Before Failure of Photovoltaic modules, Final report, June 2003, pp. 1-58.

50 D. Chianese, A. Realini, N. Cereghetti, S. Rezzonico, E. Bura, G. Friesen, Analysis of Weather c-Si PV Modules, Proc. *3rd World Conference on Photovoltaic Solar Energy Conversion*, 2003.

51 Otros componentes de algunos sistemas fotovoltaicos, como las baterías, tienen una vida útil más corta y es posible que haya que reemplazarlas después de varios años de uso.

52 Paneles solares que no hacen ruido. RGS. 2015. https://rgsenergy.com/how-solar-panels-work/noise-free-solar-panels/

- **Los sistemas fotovoltaicos son modulares y se expanden fácilmente**. Al contrario de los sistemas convencionales de producción de energía, se pueden añadir módulos a los sistemas fotovoltaicos para aumentar la potencia disponible. Las recientes mejoras en los microinversores y en los optimizadores de corriente continua (CC) lo facilitan.[53]

- **Los sistemas fotovoltaicos son seguros.[54]** Como los sistemas fotovoltaicos no requieren el uso de combustibles fósiles, son muy seguros cuando se diseñan e instalan adecuadamente.

- **Los sistemas fotovoltaicos se pueden utilizar para reducir picos de carga.[55]** La energía solar disponible coincide con las necesidades energéticas para enfriar. En los días calurosos, soleados del verano, las cargas de aire acondicionado son altas y los paneles de sistemas fotovoltaicos están produciendo energía eléctrica para alimentarlos. Por lo tanto, los sistemas fotovoltaicos proporcionan una solución efectiva ante los picos de demanda, especialmente durante los calurosos meses de verano, en las regiones cuya demanda de electricidad es alta. Esto también beneficia a la red eléctrica, ya que reduce los precios del mercado eléctrico convencional debido a la reducción de los picos de demanda.

- **Los sistemas fotovoltaicos proporcionan independencia eléctrica.[56]** Los sistemas fotovoltaicos pueden diseñarse para operar independientemente de las redes de los sistemas eléctricos. Esto es una gran ventaja en las comunidades rurales en países que carecen de una infraestructura básica, así como para aquellos que viven demasiado lejos de una red convencional.

---

53 Comparación de microinversores y optimizadores de potencia. Energy Sage. 2019. *https://news.energysage.com/microinverters-power-optimizers-compared/*

54 Seguridad de los paneles solares: ¿cuán seguros son? Energy Sage. https://news.energysage.com/solar-panel-safety-need-know/

55 Yang, Y., Li, H., Aichhorn, A., Zheng, J. y Greenleaf, M., 2014. Sizing strategy of distributed battery storage system with high penetration of photovoltaic for voltage regulation and peak load shaving. *IEEE Transactions on Smart Grid, 5*(2), pp.982-991. | Chowdhury, B.H. y Rahman, S., 1988. Analysis of interrelationships between photovoltaic power and battery storage for electric utility load management. *IEEE Transactions on Power Systems, 3*(3), pp.900-907. | Ortjohann, E. y Omari, O.A., 2002, May. Peak load shaving in conventional electrical grids by small photovoltaic systems in sunny regions. In Photovoltaic Specialists Conference, 2002. *Conference Record of the Twenty-Ninth IEEE* (pp. 1634-1637). IEEE.

56 Achieving energy independence through solar PV and battery storage. *Energy 2017.* https://www.energydigital.com/renewable-energy/achieving-energy-independence-through-solar-pv-and-battery-storage

- **Los sistemas fotovoltaicos funcionan muy bien a gran altura.**[57] Cuando se utiliza energía solar, la producción energética se optimiza en grandes alturas. Esto es muy ventajoso para las comunidades de zonas a gran altura y aisladas, donde los generadores diésel deben reducir su potencia debido a las pérdidas de eficiencia y potencia de salida.

- Disponer de sistemas fotovoltaicos conectados a la red también ayuda a mejorar la red. **Los sistemas fotovoltaicos pueden mejorar la fiabilidad de la red, lo que beneficia a las compañías eléctricas** al proporcionar regulación del voltaje, control dinámico, control de fallas de la red en el inversor y calidad de energía mejorada.[58] Las centrales eléctricas a pequeña escala descentralizadas reducen la posibilidad de apagones, a veces frecuentes en las redes eléctricas. Del mismo modo, estudios detallados de apagones eléctricos en bases militares estadounidenses muestran **que las microrredes de sistemas fotovoltaicos pueden mejorar la seguridad nacional.**[59]

- **Los sistemas fotovoltaicos proporcionan protección de precios** en comparación con los combustibles fósiles con precios variables, puesto que el uso de la energía solar es gratuito y renovable.[60]

- **Los sistemas fotovoltaicos distribuidos reducen los costos de mejora de red** porque evitan los costos de una nueva infraestructura de transmisión y distribución para gestionar la distribución de electricidad desde centrales eléctricas centralizadas.[61] Esto también reduce los costos de construcción, operación y mantenimiento de plantas generadoras basadas en combustibles fósiles, que implican costos mayores que la electricidad solar.

---

57 Casos de estudio de plantas eléctricas fotovoltaicas ubicadas a gran altitud *https://www.pvresources.com/en/pvpowerplants/highaltitudes.php*

58 Producción fotovoltaica y sus efectos en las empresas eléctricas. Solar Professional 2013. https://solarprofessional.com/articles/design-installation/pv-generation-and-its-effect-on-utilities?v=disable_pagination&nopaging=1

59 Prehoda, E.W., Schelly, C. y Pearce, J.M., 2017. US strategic solar photovoltaic-powered microgrid deployment for enhanced national security. *Renewable and Sustainable Energy Reviews*, 78, pp.167-175. https://www.academia.edu/32808527/U.S._strategic_solar_photovoltaic-powered_microgrid_deployment_for_enhanced_national_security

60 Cooper, C., 2008. A national renewable portfolio standard: politically correct or just plain correct?. *The Electricity Journal*, 21(5), pp.9-17.

61 Minnesota Values Solar Generation with New "Value of Solar" Tariff . NREL. 2014. *https://www.nrel.gov/state-local-tribal/blog/posts/vos-series-minnesota.html*

- **Los sistemas fotovoltaicos reducen la responsabilidad legal para las compañías de generación eléctrica**. Muchas fuentes de energía tradicionales cuentan con externalidades, y hay un número creciente de denuncias legales para compensar a víctimas por estas externalidades. Por lo tanto, los sistemas fotovoltaicos reducen costos al mitigar los impactos medioambientales[62] de tecnologías como las basadas en combustibles fósiles como el carbón[63,64] o la energía nuclear.
- **Los sistemas fotovoltaicos también aumentan los ingresos de impuestos asociados con la creación de empleos locales,[65]** lo que es mayor para la energía solar que en la producción energética tradicional.[66] La energía solar crea más trabajos, así como trabajos mejor pagos que los empleos relacionados con los combustibles fósiles.[67] Por ejemplo, la generación de ingresos del gobierno de Canadá al apoyar la fabricación de sistemas fotovoltaicos es tan importante que sería incluso redituable regalar plantas de fabricación vinculadas a la energía solar.[68]

A pesar de que los sistemas fotovoltaicos suenan genial (y lo son), no son una tecnología perfecta; y tienen ciertas desventajas que deberías tener en cuenta la diseñar un sistema para así minimizarlas o superarlas. Primero, los sistemas fotovoltaicos no funcionan bien cuando no brilla el sol (días nublados, de lluvia o nieve, por la noche) y esto hace que sea difícil predecir la producción de los sistemas fotovoltaicos (es decir, es variable o incierta). Los sistemas fotovoltaicos pueden, por supuesto, acoplarse a sistemas de almacenamiento,

62 Allen, M., 2003. Liability for climate change. *Nature, 421*(6926), p.891.

63 Heidari, N. y Pearce, J.M., 2016. A review of greenhouse gas emission liabilities as the value of renewable energy for mitigating lawsuits for climate change related damages. *Renewable and sustainable energy reviews, 55*, pp.899-908. *https://www.academia.edu/19418589/A_Review_of_Greenhouse_Gas_Emission_Liabilities_as_the_Value_of_Renewable_Energy_for_Mitigating_Lawsuits_for_Climate_Change_Related_Damages*

64 Laureto, J.J. y Pearce, J.M., 2016. Nuclear insurance subsidies cost from post-Fukushima accounting based on media sources. *Sustainability, 8*(12), p.1301. https://www.mdpi.com/2071-1050/8/12/1301/html

65 New Data Shows Solar Energy Creates More Jobs in America Than Any Other Industry Good for the environment, good for jobs. Futurism. 2018. https://futurism.com/new-data-shows-solar-energy-creates-more-jobs-america-other-industry

66 Lehr, U., Lutz, C. y Edler, D., 2012. Green jobs? Economic impacts of renewable energy in Germany. *Energy Policy, 47*, pp.358-364.

67 Louie, E.P. y Pearce, J.M., 2016. Retraining investment for US transition from coal to solar photovoltaic employment. *Energy Economics, 57*, pp.295-302. https://www.academia.edu/26372861/Retraining_Investment_for_U.S._Transition_from_Coal_to_Solar_Photovoltaic_Employment

68 Branker, K. y Pearce, J.M., 2010. Financial return for government support of large-scale thin-film solar photovoltaic manufacturing in Canada. *Energy Policy, 38*(8), pp.4291-4303. http://mtu.academia.edu/JoshuaPearce/Papers/1540699/Financial_Return_for_Government_Support_Financial_Return_for_Government_Support_of_Large-Scale_Thin-Film_Solar_Photovoltaic_Manufacturing_in_Canada

como baterías, para contrarrestar el problema y proveer energía de forma continuada. Sin embargo, añadir sistemas de almacenamiento o alternativos aumentan los costos y la complejidad. Segundo, la electricidad producida por los sistemas fotovoltaicos es de corriente continua (CC), lo que es genial si esa es la que necesitas, pero si por el contrario necesitas corriente alterna (CA), necesitarás un inversor, por lo que de nuevo, aumentan costos y complejidad. Los sistemas grandes proporcionan mucha energía, y la densidad de la energía relativamente pequeña de los sistemas fotovoltaicos requiere un espacio relativamente amplio para desplegarlos. Esto puede provocar conflictos con otros usos de la tierra, como puede ser el agrícola. Por suerte, tanto la agrivoltaica, [69, 70] (plantar cultivos entre hileras de sistemas fotovoltaicos) como la fotovoltaica flotante[71, 72] (instalar sistemas fotovoltaicos sobre superficies de agua) proporcionan buenas soluciones a este problema con varios beneficios sinérgicos como el aumento del ingreso por metro cuadrado y la conservación de agua.[73] Finalmente, a pesar de que los paneles de los sistemas fotovoltaicos requieren de poco mantenimiento o costos para operar, suelen fabricarse con un panel frontal de cristal, que por lo tanto es frágil y puede dañarse fácilmente. Esta es la principal preocupación durante el transporte y la instalación. Una vez instalados, es muy raro que se rompan. Reciclar los sistemas fotovoltaicos sigue siendo un reto y se hace poco.[74] Asegurarlos es una manera de superar el riesgo.

Como ves, las desventajas son mínimas en comparación con los beneficios de los sistemas fotovoltaicos. ¡No queda ninguna duda de que la energía solar alimentará a la mayor parte de la sociedad en el futuro![75] Los sistemas fotovoltaicos representan uno

69 Dinesh, H. y Pearce, J.M., 2016. The potential of agrivoltaic systems. *Renewable and Sustainable Energy Reviews, 54*, pp.299-308. https://www.academia.edu/18406368/The_potential_of_agrivoltaic_systems

70 Dupraz, C., Marrou, H., Talbot, G., Dufour, L., Nogier, A. y Ferard, Y., 2011. Combining solar photovoltaic panels and food crops for optimising land use: towards new agrivoltaic schemes. *Renewable energy, 36*(10), pp.2725-2732.

71 Kumar, N.M., Kanchikere, J. y Mallikarjun, P., 2018. Floatovoltaics: Towards improved energy efficiency, land and water management. *International Journal of Civil Engineering and Technology, 9*, pp.1089-1096.

72 Pringle, A.M., Handler, R.M. y Pearce, J.M., 2017. Fotovoltaica flotante: Synergies for dual use of water area for solar photovoltaic electricity generation and aquaculture. *Renewable and Sustainable Energy Reviews, 80*, pp.572-584. *https://www.academia.edu/33327275/Aquavoltaics_Synergies_for_Dual_Use_of_Water_Area_for_Solar_Photovoltaic_Electricity_Generation_and_Aquaculture*

73 Hayibo, K.S., Mayville, P., Kailey, R.K. y Pearce, J.M., 2020. Water Conservation Potential of Self-Funded Foam-Based Flexible Surface-Mounted Floatovoltaics. *Energies, 13*(23), p.6285. https://doi.org/10.3390/en13236285

74 McDonald, N. C., y Pearce, J. M. (2010). Producer responsibility and recycling solar photovoltaic modules. *Energy Policy, 38*(11), 7041-7047. https://www.academia.edu/1485052/Producer_Responsibility_and_Recycling_Solar_Photovoltaic_Modules

75 Pearce, J.M., 2002. Photovoltaics—a path to sustainable futures. *Futures, 34*(7), pp.663-674. http://www.academia.edu/download/12060956/futures.pdf

de los medios más prometedores de mantener nuestro nivel de vida con tanto consumo energético sin contribuir al calentamiento global y a la contaminación.

¡La energía solar es el futuro de la energía!

3.3. Costos

«Antiguamente», los dispositivos fotovoltaicos solares eran el componente más caro del sistema, y los diseñadores se esforzaban al máximo en aprovechar todo el rendimiento de cada módulo. Por ejemplo, los diseñadores de sistemas fotovoltaicos utilizaban seguidores sofisticados con múltiples ejes para asegurar que los sistemas fotovoltaicos siempre estuvieran apuntando hacia el sol y así recuperar el alto costo de los paneles. Por suerte, los precios solares han disminuido estrepitosamente,[76] por lo que estos viejos estimativos ya no son válidos. De hecho, el componente más caro del sistema fotovoltaico es a menudo el sistema de anclaje, la ordinaria estructura mecánica que soporta el módulo sobre el suelo o en el tejado.

La prolongada bajada de precios de los módulos de sistemas fotovoltaicos a medida que la industria global fotovoltaica madura y crece se llama **«curva de aprendizaje».**[77] Este aprendizaje ha dado pie a reducciones constantes y agresivas del costo de los módulos solares[78] y a veces se llama **Ley de Swanson**. Richard Swanson, fundador de SunPower Corporation (un fabricante de paneles fotovoltaicos), observó que el precio de los módulos de sistemas fotovoltaicos tendía a bajar un 20 % cada vez que se duplicaba el volumen cumulativo, como se ve en la Imagen 3.8. La imagen 3.8 muestra en *The*

76 Feldman, D.; Barbose, G.; Margolis, R.; Wiser, R.; Darghout, N.; Goodrich, A. Photovoltaic (PV) Pricing Trends: Historical, Recent, and Near-term Projections; Technical Report; Lawrence Berkeley National Lab.: Berkeley, CA, USA, 2012.

77 Mauleón, I. Photovoltaic learning rate estimation: Issues and implications. *Renew. Sustain. Energy Rev. 2016, 65*, 507–524.

78 Barbose, G.L.; Darghouth, N.R.; Millstein, D.; LaCommare, K.; DiSanti, N.; Widiss, R. Tracking the Sun 10: The Installed Price of Residential and Non-Residential Photovoltaic Systems in the United States. Disponible en línea: *https://emp.lbl.gov/tracking-the-sun* (consultado el 25 de julio de 2018).

International Technology Roadmap for Photovoltaic. que la disminución del costo de los sistemas fotovoltaicos[79] es un poco mejor que la reducción del 20 % cada vez que se duplica.[80] Estos costos se mueven rápidamente; por ejemplo, el precio más bajo de un módulo fotovoltaico de silicio multicristalino en septiembre de 2021 era de 21,6 céntimos por W (18-9-2021).

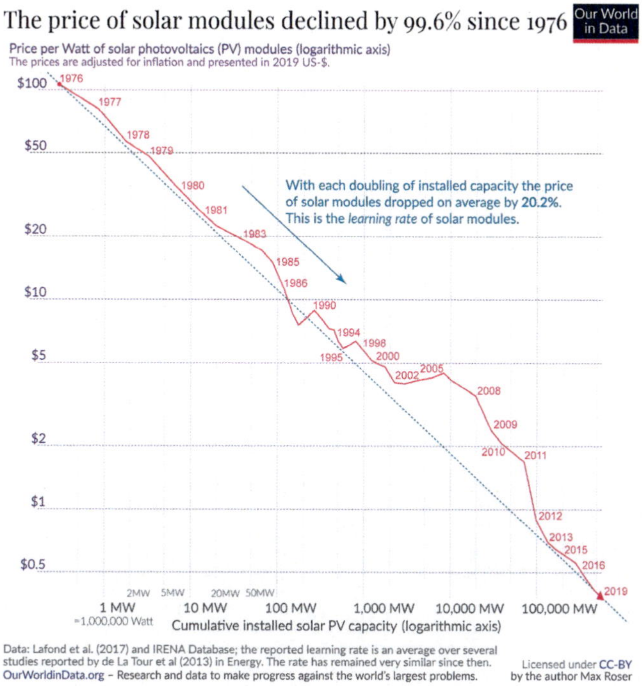

Imagen 3.8
La Ley de Swanson establece una disminución del 20 % del precio cada vez que se dobla la capacidad instalada fotovoltaica (línea de puntos verde). La línea continua naranja muestra el envío mundial actual de módulos frente al promedio del precio del módulo, desde 1976 ($104/vatio pico) hasta 2019 ($0,36/vatio pico). Los precios son en dólares estadounidenses de 2019. https://commons.wikimedia.org/wiki/File:Solar-pv-prices-vs-cumulative-capacity.png CC-BY por Max Roser

Los gráficos de escala logarítmica, como el de la Imagen 3.8, crean elegantes líneas rectas para cambios exponenciales, pero pueden ser difíciles de entender si uno no está acostumbrado a ellas. Sin embargo, puedes comparar la astronómica reducción de precios de costo de los sistemas fotovoltaicos en una escala linear, tal y como se ve en la imagen 3.9. Las instalaciones globales de sistemas fotovoltaicos en 2018 pasó los 100 GW

79 Energy Trend. Spot prices. https://www.energytrend.com/solar-price.html

80 International Technology Roadmap for Photovoltaic http://www.itrpv.net/Reports/Downloads/2017/

(hasta 104 GW),[81] y la Agencia Internacional de las Energías Renovables (IRENA en inglés) predice que los precios seguirán bajando un 60 % en la próxima década.[82]

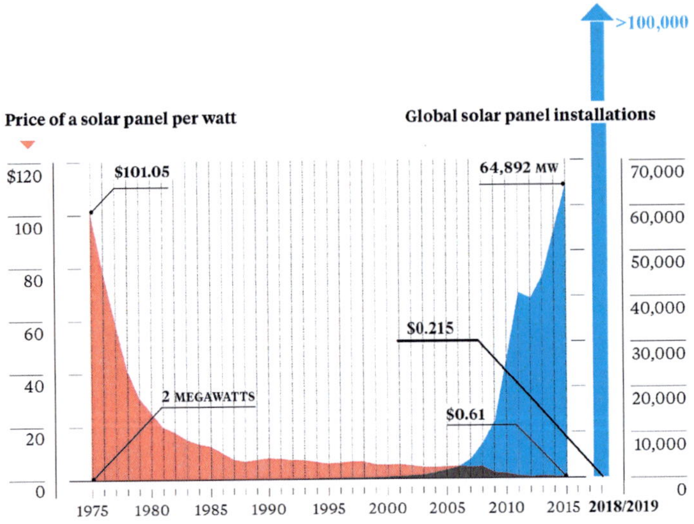

Imagen 3.9

Fuerte caída de precios desde 1975 hasta el 2019, a medida que las instalaciones de sistemas fotovoltaicos a nivel global se disparaban. Gráfico adaptado de Clean Technical[83] con datos de Blomberg, Earth Policy Institute, GTM y Energy Trend.

Así que sabemos que los costos de los módulos de sistemas fotovoltaicos se han hundido, pero ¿realmente significa que son más asequibles para ti?

¡Sí, por supuesto!

Para estar seguros, debes calcular el costo de la electricidad según el costo del sistema fotovoltaico. Se hace dividiendo el costo inicial de la instalación completa por la electricidad que producirá el sistema fotovoltaico en su vida útil. Se llama **costo**

81 Global Solar PV Installations to Surpass 104GW in 2018. GTM. 2018. https://www.greentechmedia.com/articles/read/global-solar-pv-installations-to-surpass-104-gw-in-2018#gs.SqrNvRCJ

82 Reuters. Solar Costs to Fall Further, Powering Global Demand-Irena. Disponible en línea: *https://www.reuters.com/article/singapore-energy-solar/solar-costs-to-fall-further-powering-global-demand-irena-idUSL4N1MY2F8* (consultado el 5 de marzo de 2018).

83 Shahan, Z. Solar Panel Prices Continue Falling Quicker Than Expected (#CleanTechnica Exclusive) CleanTechnica. 2018. https://cleantechnica.com/2018/02/11/solar-panel-prices-continue-falling-quicker-expected-cleantechnica-exclusive/

nivelado de la electricidad (LCOE, en inglés).[84] El cálculo puede ser un poco complejo porque para hacerlo bien hay que utilizar valores que bajan en el futuro (si te interesa, entraremos en detalle en el Apartado 8.3). **La respuesta rápida que le importa a tu bolsillo es que con los precios actuales, las instalaciones de los sistemas fotovoltaicos ofrecen un LCOE menor que los precios de la electricidad residencial de la red; y a gran escala, los sistemas fotovoltaicos son competitivos a nivel de costos con todas las fuentes convencionales**[85] **en muchas regiones del mundo.** El costo actual de la instalación varía drásticamente en función de dónde vives, por los aranceles, impuestos, regulaciones y costos laborales. De nuevo, no hace mucho, los módulos de los sistemas fotovoltaicos representaban la mitad del costo del sistema. Hoy en día, la mayor parte del costo es indirecto (por ej. mano de obra) en los sistemas fotovoltaicos pequeños o medianos, del orden de varios kW. Vemos que los precios de los sistemas para casas y edificios son solo de unos pocos dólares por vatio en la mayoría del mundo, tal y como se puede ver en la Imagen 3.10.[86] Los costos van de los $3/W en los Estados Unidos, hasta los $0,7/W en China, a nivel residencial.

84 Branker, K., Pathak, M.J.M. y Pearce, J.M., 2011. A review of solar photovoltaic levelized cost of electricity. *Renewable and sustainable energy reviews, 15*(9), pp.4470-4482. *https://www.academia.edu/1484968/A_Review_of_Solar_Photovoltaic_Levelized_Cost_of_Electricity*

85 Safi, M. Indian Solar Power Prices Hit Record Low, Undercutting Fossil Fuels. Disponible en línea: *http://www.theguardian.com/environment/2017/may/10/indian-solar-power-prices-hit-record-low-undercutting-fossil-fuels* (consultado el 5 de marzo de 2018).

86 Berkeley Lab's Tracking the Sun report, consultado el 10-10-2021. *https://emp.lbl.gov/tracking-the-sun*

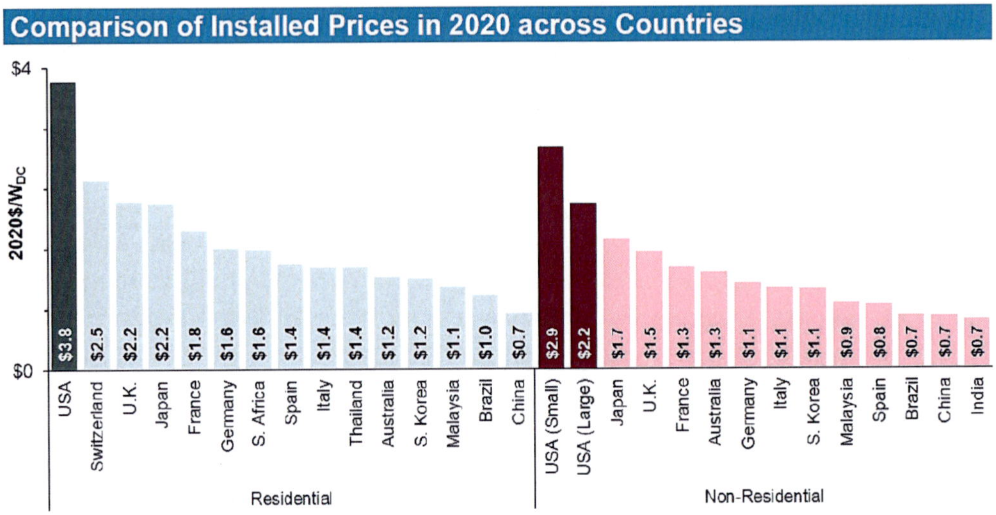

Notes: Installed prices for countries other than the USA are from the International Renewable Energy Agency (IRENA)'s "Renewable Power Generation Costs in 2020" report and are derived from IRENA's Renewable Cost Database. For the Non-Residential sector, data from IRENA generally refer to systems up to 500 kW in size, and thus encompass both the Small and some portion of the Large Non-Residential segment used within Tracking the Sun.

Imagen 3.10

Comparación de precios de sistemas fotovoltaicos instalados en sistemas residenciales y no residenciales en varios países (Tracking the Sun).[87]

El pensamiento convencional estipula que cuanto mayor es un sistema, menor es el costo de instalación por vatio. Se entiende mejor con la Imagen 3.11. Por ejemplo, si miramos los sistemas residenciales de 2016, costaban un poco menos de $4/W, mientras que los sistemas más grandes costaban un poco más de $2/W. Sin embargo, el pensamiento convencional no tiene en consideración los costos excepcionalmente bajos de los sistemas fotovoltaicos a microescala, que son el tema principal de este libro. Si haces la instalación tú mismo, se reducirá de un plumazo la mayor parte del costo del sistema fotovoltaico. Si puedes construir el sistema de anclaje o hacer tú mismo el cableado, también se reducirá drásticamente el costo. Asimismo, en cuanto a los sistemas pequeños, es probable que no haya que comparar los costos con los de la electricidad de la red, sino con los de las baterías (mucho más caras que la electricidad de la red)[88], los de un generador o los de extender la red hasta tu ubicación.

87 ibid

88 Rhett Allain. Are Expensive Batteries Worth the Extra Cost? Wired. https://www.wired.com/2012/01/are-expensive-batteries-worth-the-extra-cost/

Precios de instalación en EE.UU. a lo largo del tiempo

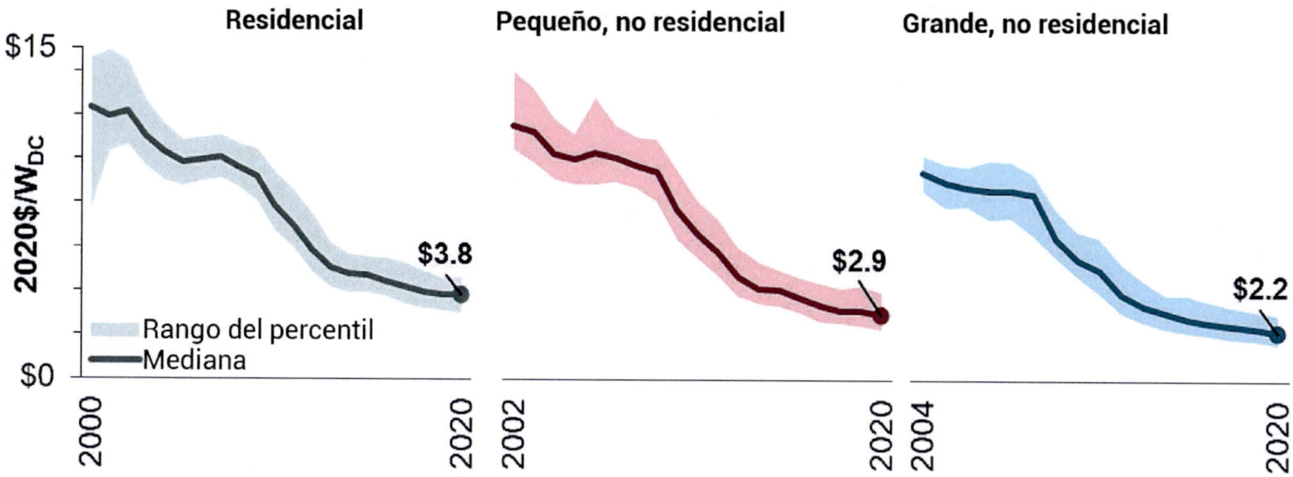

Imagen 3.11

Declive de los precios de los sistemas residenciales, no residenciales pequeños y grandes en EE.UU., según Tracking the Sun.[89]

Sin importar el tamaño de tu sistema fotovoltaico, la financiación es un elemento clave en la rentabilidad de los proyectos solares, y los nuevos métodos de financiación solar que incluyen terceras partes,[90] de pares,[91] titularización,[92] comercialización de créditos[93] y políticas gubernamentales para reducir la contaminación,[94, 95] se encuentran disponibles y generalizados (por ej. Sunrun, SolarCity/Tesla, etc. en EE.UU.) y han aumentado

89 Actualización de datos del informe de distribución solar de 2021 de Berkeley Lab. https://emp.lbl.gov/tracking-the-sun

90 Drury, E.; Miller, M.; Macal, C.M.; Graziano, D.J.; Heimiller, D.; Ozik, J.; Perry, T.D., IV. The transformation of southern California's residential photovoltaics market through third-party ownership. *Energy Policy 2012, 42*, 681–690.

91 Branker, K.; Shackles, E.; Pearce, J.M. Peer-to-peer financing mechanisms to accelerate renewable energy deployment. *J. Sustain. Financ. Invest. 2011, 1*, 138–155. http://mtu.academia.edu/JoshuaPearce/Papers/1540666/Peer-to-Peer_Financing_Mechanisms_to_Accelerate_Renewable_Energy_Deployment

92 Alafita, T.; Pearce, J.M. Securitization of residential solar photovoltaic assets: Costs, risks and uncertainty. *Energy Policy 2014, 67*, 488–498. https://www.academia.edu/6400583/Securitization_of_residential_solar_photovoltaic_assets_Costs_risks_and_uncertainty

93 Hede, S.; Nunes, M.J.L.; Ferreira, P. Credits trading mechanism for corporate social responsibility: An empirically grounded framework. Int. *J. Technol. Learn. Innov. Dev. 2014, 7*, 49–92.

94 Overholm, H. Spreading the rooftop revolution: What policies enable solar-as-a-service? *Energy Policy 2015, 84*, 69–79.

95 Ameli, N.; Kammen, D.M. Innovations in financing that drive cost parity for long-term electricity sustainability: An assessment of Italy, Europe's fastest growing solar photovoltaic market. *Energy Sustain. Dev. 2014, 19*, 130–137.

el acceso a los sistemas fotovoltaicos para todos.[96] Para que la industria de los sistemas fotovoltaicos expanda la cuota de mercado en el futuro,[97] hay que desplegar mucha más energía solar. Y aquí es donde entramos nosotros. Históricamente, los costos de los sistemas fotovoltaicos eran bajos debido a la disminución de los precios de los módulos. Sin embargo, hoy en día los componentes del sistema y costos de instalación suman una fracción considerable de los costos del sistema; por lo tanto, los precios de los módulos de los sistemas fotovoltaicos son menos importantes que el costo del sistema en general. Por ejemplo, entre los proyectos comentados en Tracking the Sun 10, la mediana de la rentabilidad de los módulos creció del 12,7 % al 17,3 % entre el 2002 y el 2016, lo que permitió que el promedio de los tamaños de los sistemas aumentaran más del doble, mientras se reducían los costos del sistema a $1/W.[98]

Los sistemas fotovoltaicos en microescala (<1 kW) pueden reducir incluso más los costos del sistema por algunos costos de mano de obra y componentes del sistema que se pueden eliminar. Por ejemplo, una persona promedio no suele tener acceso fácil a financiación para instalar un sistema fotovoltaico capaz de cubrir la totalidad de sus necesidades eléctricas anuales. Una manera de superar este reto es permitir un «plug-and-play solar» o «PnP solar», es decir un sistema fotovoltaico totalmente inclusivo, ya montado (que suele estar formado por un módulo fotovoltaico y un microinversor), que un productor-consumidor puede instalar al conectarlo a un enchufe eléctrico y evitar la necesidad de solicitar permisos, inspecciones y procesos de interconexión. Muchos países avanzados ya permiten los PnP solares (por ejemplo, el Reino Unido y algunos países de la Unión Europea). Un estudio reciente revisó los códigos y estándares del National Electrical Code en Estados Unidos, jurisdicciones locales y compañías eléctricas relativos a los sistemas fotovoltaicos, centrándose en los PnP solares. Este descubrió que los microinversores disponibles a nivel comercial y los módulos de los sistemas fotovoltaicos con corriente

96 Coughlin, J.; Cory, K.S. Solar Photovoltaic Financing: Residential Sector Deployment; Technical Report; National Renewable Energy Laboratory: Golden, CO, USA, 2009.

97 International Energy Agency. *Renewables 2017.* Disponible en línea: *https://www.iea.org/reports/renewables-2017* (consultado el 5 de marzo de 2018).

98 Barbose, G.L.; Darghouth, N.R.; Millstein, D.; LaCommare, K.; DiSanti, N.; Widiss, R. Tracking the Sun 10: The Installed Price of Residential and Non-Residential Photovoltaic Systems in the United States. Disponible en línea: *https://emp.lbl.gov/publications/tracking-sun-10-installed-price* (consultado el 25 de julio de 2018).

alterna (CA) cumplían los requisitos técnicos y de seguridad de estos estándares.[99] Si estos sistemas PnP se distribuyeran en los hogares estadounidenses con suficiente orientación y capital, ahorrarían a los consumidores más de 13 mil millones de dólares al año.[100]

Sin embargo, hay microsistemas fotovoltaicos aun menos caros, como los sistemas fotovoltaicos que alimentan directamente bombas de agua. En este caso, si lo instalas tú, solo tienes el costo de los módulos, algo de cableado y el anclaje. En la mayor parte del mundo, es menos de $1/W, es decir, menos de lo que cuesta instalar los sistemas grandes, incluso en las economías más avanzadas.

99 Aishwarya S. Mundada, , Yuenyong Nilsiam , Joshua M. Pearce. A review of technical requirements for plug-and-play solar photovoltaic microinverter systems in the United States. *Solar Energy 135,* (2016), pp. 455–470. doi: 10.1016/j.solener.2016.06.002 https://www.academia.edu/26379506/A_Review_of_Technical_Requirements_for_Plug-and-Play_Solar_Photovoltaic_Microinverter_Systems_in_the_United_States

100 Aishwarya S. Mundada, Emily W. Prehoda, Joshua M. Pearce. U.S. market for solar photovoltaic plug-and-play systems. *Renewable Energy. 103* (2017) pp. 255–264. DOI:10.1016/j.renene.2016.11.034 https://www.academia.edu/29941674/U.S._Market_for_Solar_Photovoltaic_Plug-and-Play_Systems

3.4. Efecto fotovoltaico

El **efecto fotovoltaico** ocurre cuando dos materiales en contacto muy estrecho se exponen a la luz y producen tensión eléctrica. **Los dispositivos o sistemas fotovoltaicos convierten la luz solar directamente en electricidad.** Comprender que los sistemas fotovoltaicos convierten la luz en electricidad es suficiente para poder utilizarlos. Si quieres comprender la magia en juego, lee el siguiente apartado.

Cómo funcionan las celdas solares

Normalmente, los electrones se mantienen muy juntos en el núcleo del átomo. Cuanto más se distancien los electrones del núcleo, más energía tienen. Cuando grupos de luz, llamados fotones, chocan contra un semiconductor como el silicio, proporcionan suficiente energía para que los electrones se liberen de los átomos en los que se encuentran y se muevan alrededor del semiconductor. Eventualmente, los electrones pierden energía (se cansan) y vuelven a su posición inicial, unida de nuevo a un núcleo. Si un semiconductor está solo, no es muy emocionante, porque no pasa nada. Sin embargo, si ponemos dos semiconductores distintos, uno al lado del otro, como uno con electrones adicionales, y otro con electrones de menos, se crea una juntura de celda solar. Los electrones generados con fotones cruzan la unión entre los dos semiconductores de distinta carga con más facilidad en un sentido que en el otro, lo que da a un lado de la unión una carga negativa, por lo tanto un voltaje negativo respecto al otro lado. Esta es la misma separación de cargas que se puede ver en una pila, en la que un lado es positivo y el otro negativo. Lo divertido de las celdas solares es que seguirán proporcionando tensión y corriente (electricidad) siempre que reciban luz.

Una manera fácil de comprender el efecto fotovoltaico de una celda solar es si pensamos en niños que juegan en un parque, como si fueran electrones. Al principio, tanto los electrones como los niños están en un «estado base». Está bien, pero no es muy emocionante (ver Imagen 3.12).

Imagen 3.12
Los niños que juegan en la parte de abajo de un tobogán son como los electrones en «estado base», sin mucha energía.

Imagen 3.13
Los electrones en «estado excitado» son como niños que se tiran desde lo alto de un tobogán - están activos porque tienen mucho potencial energético.

Cuando la luz ilumina el semiconductor, la energía lumínica puede ser absorbida y consumida y eleva los electrones hasta un «estado excitado». De la misma manera, los niños consumen energía química almacenada en sus cuerpos al comer y pueden subir una escalera, una roca o un muro en un «estado excitado» (ver Imagen 3.13). Tanto para los electrones como para los niños en estado excitado (en la parte superior del tobogán), hay energía que puede utilizarse. Si no hay juntura fotovoltaica en el semiconductor, los electrones vuelven a su estado base. Sin embargo, cuando hay una conexión en un dispositivo fotovoltaico, se genera un campo eléctrico que «inclina» los niveles de energía, que a su vez ejercen una fuerza sobre los electrones libres hacia una carga eléctrica externa como una bombilla o una computadora en la que se puede disipar el exceso de energía. Similarmente, cuando los niños están arriba de la estructura de juego, intentan moverse hacia el tobogán porque es más emocionante. A medida que los niños bajan por el tobogán, se mueven como los electrones de la juntura, y disipan su exceso de energía a medida que llegan de nuevo a su estado base. El movimiento de los electrones, como el de los niños, es unidireccional (¡prohibido subirse por el tobogán!). En el caso de los electrones, se trata de corriente continua (CC) como la de una pila. Los electrones y los niños pueden empezar todo el proceso de nuevo, siempre y cuando tengan energía (luz para los electrones de las celdas solares y energía de la comida para los niños). Si oscurece, entonces no hay energía que levante los electrones, y si los niños juegan durante demasiado tiempo y gastan toda su energía química, tendrán hambre, estarán letárgicos y ya no querrán seguir subiéndose al tobogán.

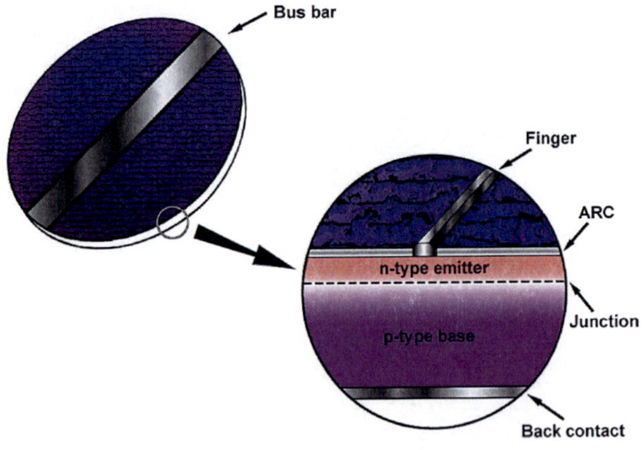

Imagen 3.14
Detalles de la construcción de una célula solar de silicio.

Una célula solar es parecida a un bocadillo con un relleno que sería el semiconductor y trozos de pan que serían los conductores. Hay un conductor metálico en la parte trasera de la celda solar. La corriente eléctrica se genera en el semiconductor (área azul de la Imagen 3.14), que tiene las dos capas dopadas que forman la juntura p-n. Para que la luz alcance los semiconductores, la parte frontal de la célula solar debe ser transparente a la luz. Es difícil hacerlo con el metal, por lo que los diseñadores de células solares han usado desde siempre finas tiras metálicas (dedos) por las que pasa la luz y llevan un poco de electricidad generada cerca de ellas a un colector que puede manejar altas corrientes cuando toda la electricidad de los dedos es recogida por el colector.

Encima de la celda solar hay un recubrimiento antirreflectante, o RAR, que se utiliza para recubrirla y minimizar la reflexión lumínica de la superficie superior. Los RAR están hechos de una fina capa de material dieléctrico. Cuando llega la luz, queremos atrapar el máximo de ella, y si podemos ver que la luz se refleja de las celdas solares, significa que el recubrimiento antirreflectante no es bueno.

3.5. Tipos de paneles

El National Renewable Energy Laboratory (NREL) de Estados Unidos, que mayoritariamente financió la investigación doctoral de Joshua Pearce, gestiona una base de datos de las mejores eficiencias de conversión de luz a electricidad en celdas fotovoltaicas de investigación fabricadas con una serie de materiales de celdas fotovoltaicas, desde 1976 hasta la actualidad. El gráfico del NREL muestra la eficiencia de todas las tecnologías, en la Imagen 3.15.[101]

101 National Renewable Energy Laboratory - National Center for Photovoltaics *https://www.energy.gov/eere/solar/downloads/research-cell-efficiency-records*

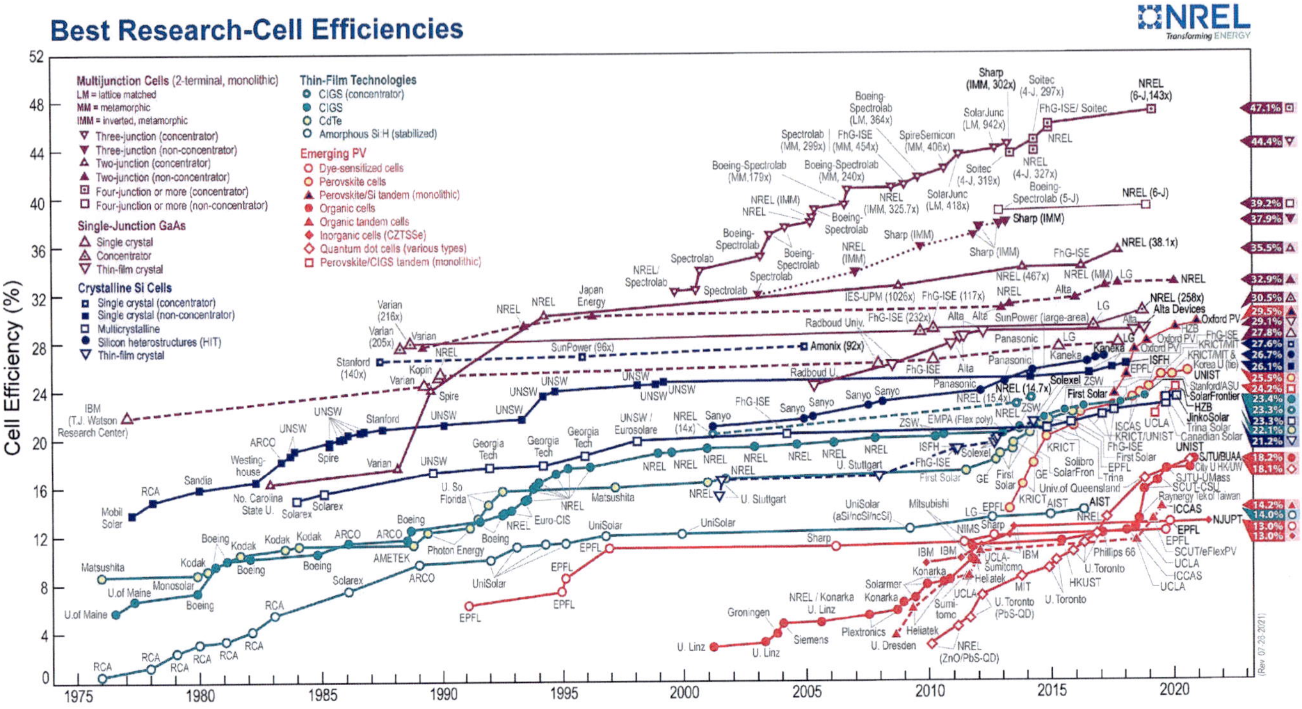

Imagen 3.15

Datos de la eficiencia de las celdas solares (NREL).

Deberíamos recalcar que los valores que muestra la Imagen 3.15 son récords de celdas en condiciones de laboratorio. Normalmente, se necesitan varios años, entre cinco y diez, para que un récord de eficiencia en la tecnología de las celdas se transfiera al mercado. Por ejemplo, aunque Panasonic ha demostrado que las celdas solares HIT (celda de heterojuntura con capa delgada intrínseca, que es como un bocadillo de silicio cristalino de banda prohibida angosta entre dos capas de silicio amorfo de banda prohibida ancha) tienen una eficiencia de más del 25 %, las están vendiendo hoy en día como si tuvieran una eficiencia un poco menor del 20 %.[102] Esto es en parte porque los récords son sobre las celdas, no los módulos, y estas suelen tener áreas pequeñas. Por ejemplo, a pesar de que los módulos tienen el tamaño de una persona con los brazos extendidos, la tecnología estándar de un semiconductor cristalino es como la palma de

102 https://na.panasonic.com/us/energy-solutions/solar/hit-modules/n325k-photovoltaic-module-hitr-black-40mm

la mano. Las celdas solares con las que trabajamos en los laboratorios para experimentos de capa delgada suelen tener solo 2 mm de diámetro. Escalar la tecnología a grandes áreas suele conllevar una pequeña caída de la eficiencia con una caída adicional cuando pasamos al nivel de módulo.

La Imagen 3.15 está organizada según la familia de semiconductores: (1) celdas multijuntura - morado, (2) celdas de arseniuro de galio de juntura única - morado, (3) celdas de silicio cristalino - azul, (4) tecnologías de películas delgadas - verde y (5) fotovoltaicas emergentes - naranja. Ahora bien, todos saben que cuanto mayor es la eficiencia, es mejor; así que puede ser tentador mirar solo la parte superior de la lista de las impresionantes eficiencias que pueden alcanzar las celdas multijuntura. También, deberíamos añadir que la eficiencia de las células solares no debería compararse directamente con otras tecnologías como un generador, ya que el combustible de los sistemas fotovoltaicos es gratuito, mientras que el combustible de los generadores representa la mayoría del costo. En el futuro, las celdas multijunturas que pueden convertir un gran rango de flujo solar en electricidad podrían dominar; sin embargo, de momento, las células de los grupos 1 y 2 se utilizan principalmente en aplicaciones espaciales y militares por sus elevadísimos costos. Las nuevas tecnologías del grupo 5 son interesantes porque como se puede ver en la Imagen 3.15, crecen rápidamente y pronto se podrían comercializar.

La gran mayoría de celdas solares en el mercado están formadas de silicio: cristalino, policristalino (también llamado multicristalino), o de silicio amorfo (grupos 3 y 4 en la Imagen 3.15: Datos de la eficiencia de las celdas solares (NREL). Compararemos las ventajas y las desventajas de cada opción. Primero, observaremos el silicio cristalino y el policristalino. Las ventajas incluyen mayor eficiencia (más del 20 %), tecnología ya establecida y estabilidad. La tecnología del silicio cristalino es la misma tecnología que empuja la industria de los semiconductores, por lo tanto, es madura y está establecida. Las desventajas de la tecnología del silicio cristalino son una menor absorción (se necesita más materia para absorber suficiente luz solar) y la necesidad de una gran cantidad de material inicial de silicio de alta pureza, que resulta caro. El silicio policristalino es más barato de producir, pero sus propiedades eléctricas no son tan buenas como las del silicio cristalino, por lo que su eficiencia es menor (normalmente alrededor del 15 y el 20 %). Hoy en día, la industria tiende principalmente a optar por el silicio cristalino puro. Puedes ver en la Imagen 3.16, que el material policristalino no es tan bueno como el silicio cristalino puro, por las líneas entre cristales.

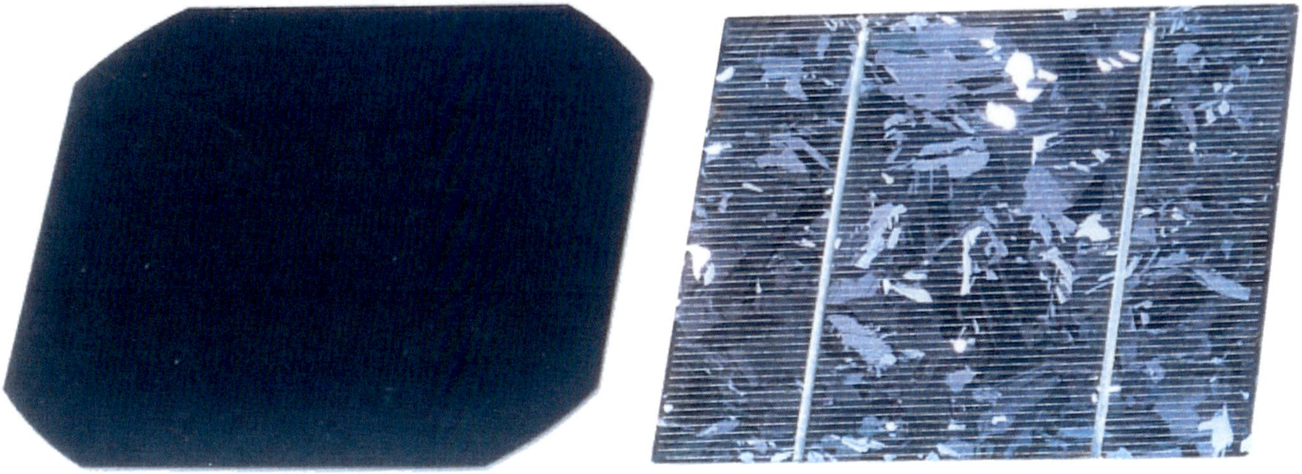

Imagen 3.16

Comparación de una única celda solar de silicio cristalino (izquierda) lista para procesar, junto a una celda solar terminada de silicio policristalino (derecha). https://commons.wikimedia.org/wiki/File:Comparison_solar_cell_poly-Si_vs_mono-Si.png CC-By-SA

El silicio cristalino y policristalino son los tipos de módulos fotovoltaicos más comunes y vienen en una variedad muy amplia de tamaños. El tamaño estándar es bastante grande, como se ve en la Imagen 3.17, en la que Joshua está ajustando un conjunto de paneles que alimentan un centro de investigación en el mediooeste de los Estados Unidos. Los módulos tienen el tamaño de un adulto bajo y son lo suficientemente pequeños para que una única persona pueda manejarlos con el mínimo de dificultad, si se hace con cuidado.

Imagen 3.17

Conjunto de sistema fotovoltaico policristalino que alimenta un centro de investigación en el mediooeste de EE.UU. y que se utiliza para realizar pruebas sobre el agua fría.

El otro tipo de material para celdas solares de silicio, es el silicio amorfo. Tiene un coeficiente de absorción muy alto en comparación con el silicio cristalino; por lo que se necesita una capa muy fina del material, sólo unos pocos 100 nanometros (como una décima parte del grosor de una uña). Para poner en perspectiva la delgadez de la película delgada de la celda solar, consideremos la bolsa de arena de la Imagen 3.18. La arena es dióxido de silicio. Si tuviéramos que quitar todo el oxígeno de la bolsa y utilizar el silicio restante para hacer silicio amorfo para células solares, podríamos cubrir la mitad del tejado de una casa unifamiliar típica de Detroit, Míchigan (que por cierto, no es el lugar más soleado del mundo), y estas celdas solares cubrirían todas las necesidades eléctricas de la familia estadounidense (glotona en cuestiones eléctricas) que viviera ahí.

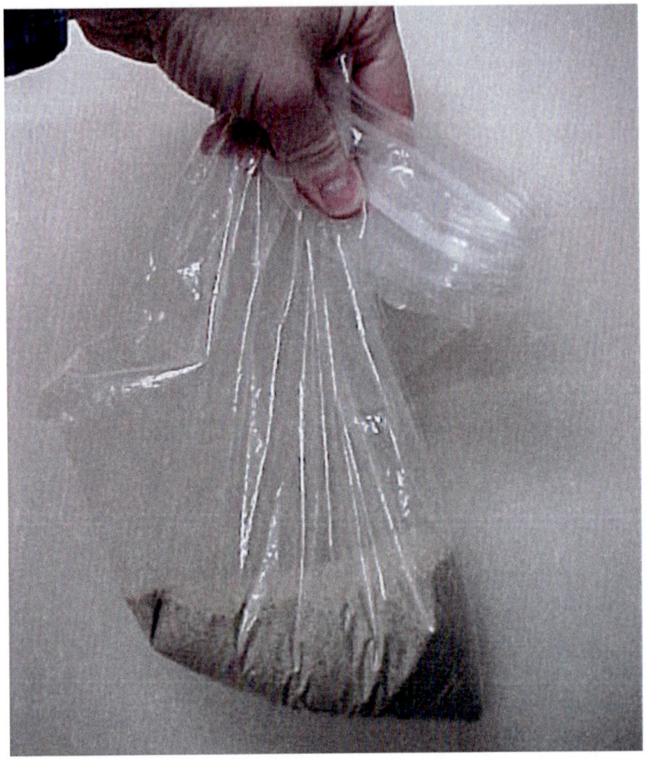

Imagen 3.18
Bolsa de arena

Además, los materiales de películas delgadas para celdas solares como el silicio amorfo pueden depositarse sobre varios materiales, como el cristal, el metal e incluso el plástico. Esto permite aplicaciones curiosas como células flexibles o adhesivas, como en la Imagen 3.19.

Imagen 3.19
Celda solar con forma de gran rollo flexible y adhesivo de silicio amorfo en el laboratorio de Joshua.

También pueden hacerse adhesivos, como la celda solar de la imagen, en la que lo único que hay que hacer es pelar la parte trasera y pegar la celda al edificio. Dura mucho tiempo, ya que tiene una garantía de 30 años.[103] La principal desventaja del silicio amorfo es su eficiencia (alrededor del 10 %) comparado con la de las formas cristalinas del silicio (alrededor del 20 %). Finalmente, se degrada con la luz, un fenómeno conocido como efecto Staebler-Wronski o SWE. Todas las celdas solares de silicio amorfo vendidas ahora tienen garantías para el estado constante de degradación, donde el SWE se ha detenido. Por ejemplo, puedes comprar una célula solar con una garantía del 10 % de eficiencia. Cuando la instales por primera vez, te gustará saber que producirá electricidad con una eficiencia del 11 %. Después de varios meses, se degradará hasta el 10 % y luego se mantendrá igual por el resto de su vida útil.

103 Hablaremos más sobre la vida útil real de los módulos de sistemas fotovoltaicos en el apartado de economía.

Hay algunas otras tecnologías con película delgada, como CIGS o CdTe. CIGS es la abreviatura para seleniuro de galio, indio y cobre o CuInGaSe2. Las celdas solares CIGS tienen alta eficiencia (en el 2010 ya habían superado la barrera del 20 %) y una alta absorción, por lo que no necesitas tanto material, como con el silicio amorfo. Las desventajas son que tienen algunos problemas de inestabilidad, no están tan establecidas como el silicio (por lo tanto, son más caras debido a la pequeña escala), y tienen una capa de sulfuro de cadmio (CdS) que contiene el elemento tóxico, cadmio. Esto nos lleva al teluro de cadmio o CdTe. Estas celdas tienen una alta eficiencia, son finas y utilizan un desecho de las industrias del zinc, plomo y cobre, el cadmio (Cd), como principal absorbente. A menudo son las opción más barata, ya que uno de los productores (First Solar) lo obtiene a gran escala. Sin embargo, sus módulos, no tienen marco y se rompen a menudo, por lo que suelen utilizarse solo en granjas solares y solo los manipulan los profesionales.

Imagen 3.20
Prueba de módulos CdTe sin marcos, con un sistema alternativo de sujeción. Se descubrió que estos módulos eran demasiado frágiles para aplicaciones a pequeña escala.

Otro aspecto a considerar al elegir módulos solares es si van a tener marco o no. Los módulos sin marco son mejores para el medioambiente porque eliminan toda la energía incorporada en el marco y son una buena elección para las granjas solares de las zonas con nieve[104] porque la nieve se desprende más fácilmente de ellos; pero al ser más frágiles, requieren una manipulación cuidadosa y un apoyo especial para la sujeción. Varios de los módulos CdTe sin marco que probamos con distintas tecnologías (ver Imagen 3.20) se rompieron mientras los transportábamos en camioneta en los 11 km de carretera asfaltada que separan el campus universitario del centro de pruebas. Concluimos que son demasiado frágiles para aplicaciones a pequeña escala.

En un futuro cercano, puedes esperar que la mayoría de paneles de sistemas fotovoltaicos basados en silicio estén hechos de silicio negro. Operan de la misma manera que los paneles azulados tradicionales pero capturan mejor la luz por sus nanoestructuras grabadas que les dan la apariencia negra y por lo tanto reducen el costo por vatio.[105] El otro campo en el futuro muy cercano de las tendencias de la tecnología de los sistemas fotovoltaicos es el uso de paneles bifaciales, que aceptan la luz por ambos lados. Reciben un aumento en la salida de energía a partir de la luz reflejada (albedo) que golpea la parte de atrás del módulo, lo que tiende a aumentar la producción de energía. También ayudan a derretir la nieve de la parte frontal de los paneles en invierno. Por ejemplo, los módulos bifaciales en un seguidor de doble eje en Vermont produjo un 14 % más de electricidad en un año en comparación con sus contrapartes monofaciales y tanto como un 40 % durante los meses pico de invierno.[106] Las eficiencias altas ayudarán a reducir costos, y se necesitan menos sujeciones y cables cuando el número de paneles es menor. Aun así, muchas aplicaciones no necesitan un módulo solar de cualquier material, del tamaño de una persona adulta. Incluso los módulos de sistemas fotovoltaicos muy pequeños pueden utilizarse para cualquier tipo de aplicaciones útiles como proporcionar

104 Riley, D., Burnham, L., Walker, B. y Pearce, J.M., 2019, Junio. Differences in Snow Shedding in Photovoltaic Systems with Framed and Frameless Modules. In *2019 IEEE 46th Photovoltaic Specialists Conference (PVSC)* (pp. 0558-0561). IEEE. https://www.osti.gov/servlets/purl/1640734

105 Modanese, C., et al., 2018. Economic advantages of dry-etched black silicon in passivated emitter rear cell (PERC) photovoltaic manufacturing. *Energies, 11*(9), p.2337. https://doi.org/10.3390/en11092337

106 Burnham, et al. 2019, Junio. Performance of bifacial photovoltaic modules on a dual-axis tracker in a high-latitude, high-albedo environment. In *2019 IEEE 46th Photovoltaic Specialists Conference (PVSC)* (pp. 1320-1327). IEEE. *https://www.osti.gov/servlets/purl/1641282*

luz (Imagen 3.21) o un grupo de tres minimódulos puede utilizarse para alimentar una computadora y una impresora de 3D (Imagen 3.22).[107]

Imagen 3.21
Niños de la escuela Kembu Primary School sujetan luces solares alimentadas por mini-módulos en Kenya. Crédito de la imagen: SolarAid. https://www.flickr.com/photos/solaraid/16748134826 CC-BY

107 Jephias Gwamuri, Dhiogo Franco, Khalid Y. Khan, Lucia Gauchia y Joshua M. Pearce. High-Efficiency Solar-Powered 3-D Printers for Sustainable Development. *Machines 2016*, *4*(1), 3; https://doi.org/10.3390/machines4010003

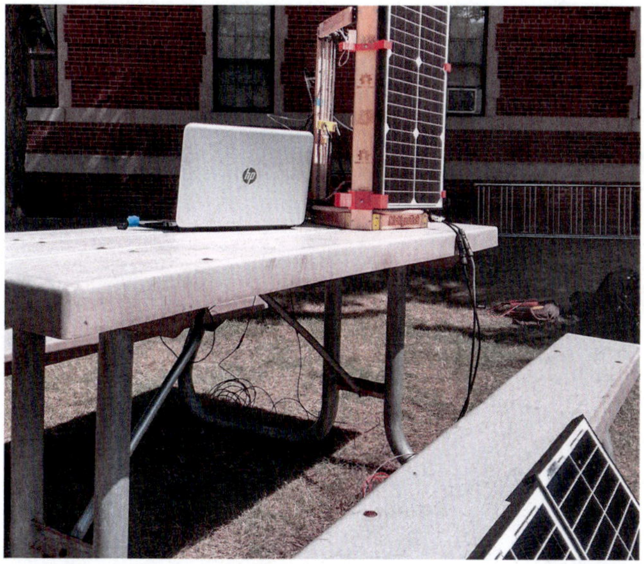

Imagen 3.22
Tres minimódulos fotovoltaicos de silicio cristalino utilizados para alimentar un ordenador portátil y una impresora 3D en EE.UU.

3.6. Insolación, energía solar total, horas solares pico

No importa en qué parte del mundo esté tu hogar. En cualquier día, la radiación solar varía continuamente, desde el amanecer hasta el anochecer, y también se sabe que cambia el espectro (es decir, el color de la luz). La radiación solar también depende de la nubosidad, la posición del Sol y del contenido y la turbidez de la atmósfera. Además, los distintos tipos de celdas solares responden al espectro de distinta manera e incluso responden de manera diferente al color de la luz que rebota del suelo.[108, 109] Como puedes sospechar, construir un modelo de computadora perfecto de un sistema tan complejo puede convertirse en algo caótico con tantas fórmulas complicadas, pero para la mayoría de sistemas fotovoltaicos, podemos tomar atajos. Aquí te mostraremos los atajos, lo que será más que suficiente para que alcances una aproximación razonablemente cercana a la producción eléctrica de un sistema fotovoltaico pequeño.

La **irradiancia** máxima (flujo de energía solar por unidad de área) se encuentra al mediodía solar, lo que se define como el cénit, el tiempo entre el amanecer y el anochecer. La **insolación** ahora llamada comúnmente **irradiación** (u horas solares pico), difiere de la irradiancia al incluir el tiempo. La insolación es la cantidad de energía solar recibida en un lugar determinado durante un tiempo específico, medido en kilovatios hora por metro cuadrado. Recordemos que los kilovatios hora (kWh) es como se suele facturar la electricidad en las facturas de consumo.

La insolación medida en kWh/m^2 al día es el equivalente de «horas solares pico» (que es como se miden en unidades de horas o día de energía solar plena). Sabemos que a primera hora de la mañana, después del amanecer, y justo antes de anochecer, no tenemos tanta energía solar como al mediodía. Imagina si pudieras tomar todas esas horas solares tenues y las combinaras para hacer horas solares plenas de un mediodía sin nubes. Esa es una hora solar pico. Una «hora solar pico» se define como el número equivalente de horas al día, con una irradiancia solar equivalente a 1000 W/m^2. Estos 1000 W/m^2 son flujo de **energía solar plena**. Las horas solares pico solo tienen sentido porque la potencia nominal del panel fotovoltaico se mide con un nivel de radiación de 1000 W/m^2. En otras palabras, seis horas solares pico significan que la energía recibida durante el total de las horas diurnas equivalen a la energía que se habría recibido si el sol hubiera brillado durante seis horas con una irradiancia de 1000 W/m^2. A menudo se presenta la información solar con los promedios diarios del valor de las horas solar pico (kWh/m^2) para cada mes. La mayoría de los lugares tienen un promedio de entre tres y seis horas solares pico al día a lo largo del año. En resumen, si determinas el número de

108 Andrews, R.W. y Pearce, J.M., 2013. The effect of spectral albedo on amorphous silicon and crystalline silicon solar photovoltaic device performance. *Solar Energy, 91*, pp.233-241. https://www.academia.edu/3081684/The_effect_of_spectral_albedo_on_amorphous_silicon_and_crystalline_silicon_solar_photovoltaic_device_performance

109 Brennan, M.P., Abramase, A.L., Andrews, R.W. y Pearce, J.M., 2014. Effects of spectral albedo on solar photovoltaic devices. *Solar Energy Materials and Solar Cells, 124*, pp.111-116. https://www.academia.edu/6222506/Effects_of_spectral_albedo_on_solar_photovoltaic_devices

horas solar pico de tu zona, facilita mucho hacer los cálculos. Puedes hacerte una idea básica de la irradiación de casi todas las partes del mundo en kWh/m^2 por día y por año en este mapa. La suma diaria en la leyenda son tus «horas solares».

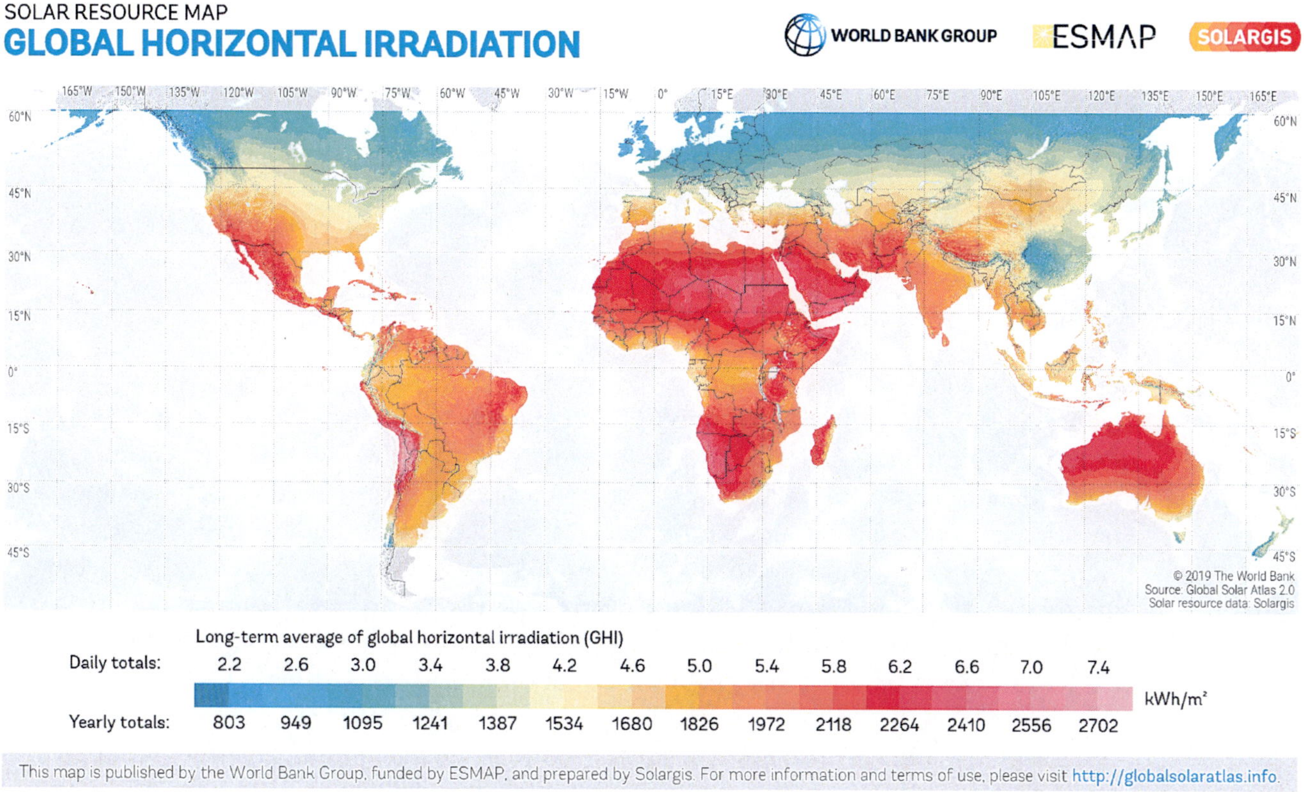

Imagen 3.23

Irradiación solar global en kWh/m^2

Deberíamos indicar que el propósito del mapa es el de orientar en líneas generales sobre la irradiación solar. Es posible que esta sea suficiente información para algunos sistemas pequeños. Sin embargo, si estás diseñando un sistema pequeño en el que lo crítico es la cantidad de energía eléctrica proporcionada (por ej. refrigerador para vacunas alimentado con energía solar), la información más fácil de usar para diseñar el sistema se encuentra en una tabla u hoja de cálculo (o como parte de un programa de simulación). En general, para las instalaciones sin seguimiento del sol (que son la opción más económica ahora que los costos de los módulos solares han bajado tanto), lo que quieres es la insolación global en una superficie inclinada según la latitud orientada hacia el sur para el hemisferio norte y orientada hacia el norte para el hemisferio sur. Puedes ver un mapa de tu región en el Global Solar Atlas.[110]

3.7. Almacenamiento y días de autonomía

Si estás planeando un sistema fotovoltaico autónomo, con batería y que no esté conectado a la red, debes determinar cuán importante es para ti tener electricidad. Si este sistema es para tu casa, es posible que tengas que estar un día sin ella si te encuentras con varios días nublados. Sin embargo, si lo que necesitas es un sistema de batería de apoyo para lugares como un hospital porque la falta de electricidad podría matar a alguien, entonces debes determinar primero cuánto tiempo quieres tener electricidad si no hay luz solar. Esto se suele llamar **«días de autonomía»** porque se basan en el número de días que esperas que tu sistema proporcione energía sin recibir una carga de los paneles solares o de la red. También tienes que considerar el patrón de uso y la esencia de tu aplicación. Si para ti no es muy importante tener electricidad cada día, entonces está bien si se utiliza un número pequeño de días de autonomía (a lo mejor, incluso cero). Si estás instalando un sistema para una casa de fin de semana o un puesto de guardabosques que no suele estar habitado, quizás consideres un banco de baterías y un conjunto fotovoltaico más pequeño, porque tu sistema podrá cargarse durante toda la semana (o más tiempo) y almacenar energía. Como alternativa, si estás añadiendo un conjunto de paneles solares como suplemento a un sistema de generador, tu banco de baterías puede ser más pequeño, ya que el generador puede utilizarse si hubiera que recargar. Este último caso, sería para sistemas híbridos.

110 Atlas solar global válido en la mayoria del globo https://globalsolaratlas.info/ provides information on the kW-hrs/kWp.

3.8. Eficiencia

La eficiencia de las celdas solares es el porcentaje de energía del sol que puede convertirse en electricidad. La eficiencia de una celda solar se define como:

Ecuación 3.1

$$eficiencia = \frac{salida\ de\ energía\ eléctrica}{entrada\ de\ energía\ eléctrica} \text{ o } \frac{potencia\ de\ salida\ eléctrica}{potencia\ de\ entrada\ eléctrica}$$

La eficiencia de una celda solar está definida según las **Condiciones de Ensayo Estándar (STC en inglés)**: temperatura ambiente (25 °C), 1000 vatios/m^2 de energía solar con un espectro AM1.5. AM1.5 significa masa de aire 1,5 y refiere a la norma ASTM G173.[111] Esto se puede ver en la Imagen 3.24. Estas distribuciones de energía (vatios por metro cuadrado por nanómetro de ancho de banda) como función de longitud de onda proporcionan una única referencia común para evaluar los materiales fotovoltaicos espectrales selectivos respecto al desempeño medido bajo cualquier tipo de fuente de luz. Se consideró que las condiciones seleccionadas para AM1.5 eran un promedio razonable para los 48 estados contiguos de EE.UU. en el periodo de un año. El ángulo de inclinación (37 grados) es aproximadamente la latitud promedio de los estados contiguos de EE.UU. Según el momento del día en tu lugar de recolección, la energía solar debe viajar una distancia específica en la atmósfera. Esta distancia del camino normalizada a la menor distancia posible (es decir, cuando el sol está justo sobre nosotros) se conoce como masa de aire o AM.

111 Irradiancia espectral referencia solar: Masa de aire 1,5 https://rredc.nrel.gov/solar/spectra/am1.5/

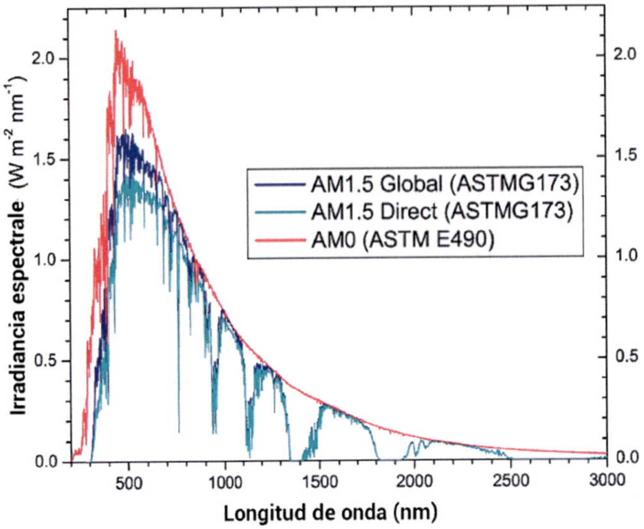

Imagen 3.24
El espectro de referencia AM1.5 utilizado en condiciones de prueba estándar para fotovoltaica.

Es posible que tu sistema fotovoltaico nunca tenga estas condiciones. Por ejemplo, la temperatura de operación de las celdas solares suele estar cerca de los 50 °C, más que los 25 °C, cuando se encuentra afuera y bajo la luz solar. En general, la eficiencia de una celda solar decae a medida que la temperatura aumenta. Por lo tanto, la energía real que tu sistema fotovoltaico proporcionará es la combinación de la geometría del diseño de tu sistema junto con la latitud y el clima (flujo de energía solar y temperatura). Por ejemplo, un módulo solar con una eficiencia del 20 % y un área de 1 m^2 producirá 200 W en STC, pero puede producir más energía en un día frío y claro, cuando el sol se encuentra justo encima. Asimismo, ese módulo produce menos energía en condiciones nubladas o cuando el sol se encuentra bajo en el cielo. En el centro de Colorado, que recibe una insolación anual de 5,5 kWh/m^2 al día (230 W/m^2),[112] se puede esperar que este panel produzca 400 kWh de energía al año. Sin embargo, en Míchigan, que solo recibe 3,8 kWh/m^2 al día, el rendimiento energético anual se reduce a 280 kWh para ese mismo módulo.

Al diseñar sistemas fotovoltaicos para uso propio, sería más práctico saber la potencia nominal del módulo (vatio pico o Wp), más que la eficiencia. Aunque la eficiencia impacta algo los costos (por ej. cuanto mayor es la eficiencia, menos sujeción necesitarás),

112 https://www.nrel.gov/gis/solar.html

recuerda que la luz solar es gratuita, por lo que no es el factor más importante, como indicamos en las secciones económicas.

Aun así, si quieres puedes calcular la eficiencia de tu panel según:

Ecuación 3.2

$$Eficiencia\ del\ panel = \frac{potencia\ pico\ del\ panel}{1000\frac{W}{m^2} \times área\ del\ panel} \times 100\ \%$$

El 1000 W/m^2 proviene de las condiciones de ensayo estándar utilizadas cuando se evaluó la potencia nominal del panel. El área de un panel se calcula multiplicando su largo por su ancho. Por ejemplo, si tu panel mide 1 metro cuadrado y está reportado con una potencia pico de 200 W, tienes un panel con un 20 % de eficiencia.

4. Electricidad

En los sistemas eléctricos de corriente continua (CC), como un teléfono móvil que tiene batería, la carga eléctrica (corriente) solo fluye en una dirección.[113] Por otro lado, en los sistemas eléctricos de corriente alterna (CA), como una batidora enchufada a una toma de pared, la corriente eléctrica cambia de dirección de manera periódica y rápida (50 o 60 veces por segundo, según el país).

4.1. Conceptos de corriente continua (CC)

La corriente continua es un único flujo unidireccional de carga eléctrica. Una batería es un buen ejemplo de alimentación eléctrica CC, con la que la mayoría de personas están familiarizadas, ya que se usan en todo, desde coches, hasta teléfonos móviles. Podemos pensar en la electricidad almacenada en una batería como si se tratara de un tanque de agua. Solo podemos llenar la batería (o el tanque de agua) con tanta energía (o agua). En la Imagen 4.1, el indicador verde (con cuatro barras de carga) muestra que la batería está llena y no puede aceptar más carga. Si se dirige más energía a la batería, la energía se echará a perder. Cuando usamos energía de la batería, es como dejar que salga agua del tanque (se muestra en la Imagen 4.1 en amarillo y marrón con dos o tres barras de carga

113 Es curioso que la corriente fluye en la dirección opuesta de la de los electrones (la dirección de la corriente es por convención la dirección en que fluye la carga positiva). Si esto parece un poco confuso para ti, es ¡porque lo es! Podemos culpar a Benjamin Franklin, el erudito estadounidense: autor destacado, impresor, teórico político, político, masón, maestro de postas, científico, inventor, humorista, activista cívico, hombre de estado y diplomático. Al inicio de sus experimentaciones con la electricidad, tenía un 50 % de probabilidad de acertar el sentido correcto. Era un genio, pero se equivocó, por lo que durante siglos, la ingeniería eléctrica ha sido un poco más difícil de lo que debería ser. Por lo tanto, una carga de corriente negativa que se desplaza hacia la izquierda es una corriente eléctrica que va hacia la derecha.

respectivamente). Cuando el tanque se vacía (la batería está completamente descargada), no podemos obtener más agua (o electricidad) de nuestra fuente.

Imagen 4.1
Indicadores del estado de carga de energía de corriente continua.

Los sistemas fotovoltaicos solares también actúan como alimentación eléctrica CC. La corriente continua de un sistema fotovoltaico puede usarse directamente como alimentación eléctrica para todo tipo de sistemas electrónicos. Sin embargo, también puede usarse para cargar baterías. Esto tiene la ventaja de que la electricidad solar puede almacenarse para usarla más tarde si es necesaria, incluso si el sol ya no está brillando. La energía que produce un sistema fotovoltaico es solo electricidad de corriente continua sin otros componentes electrónicos adicionales llamados inversores (que convierten de CC a CA).

4.2. Circuitos en serie y paralelos

Como las pilas que llevan los juguetes, los paneles de los sistemas fotovoltaicos solares tienen un terminal negativo (-) y un terminal positivo (+). Los módulos de los sistemas fotovoltaicos más grandes vienen ahora con conectores MC4 macho y hembra (que se muestran en el recuadro de la Imagen 4.2). El nombre MC de MC4 proviene del fabricante

Multi-Contact, y el 4 se refiere a los 4 mm de diámetro del pin de contacto. El MC4 permite que las cadenas de paneles de los sistemas fotovoltaicos solares se conecten con facilidad al presionar manualmente los conectores de los paneles adyacentes. Se puede escuchar un clic gratificante cuando se unen. Sin embargo, se necesita una herramienta (por ej. pinzas de punta o una multiherramienta) para desconectarlos y asegurar que no se desconectan accidentalmente cuando los cables se tironean, o bien cuando están en uso. Generalmente, el extremo macho es positivo y el hembra es negativo, pero habría que comprobar las etiquetas de la parte trasera del módulo en la cajas de conexiones (como se muestra en la Imagen 4.2) o mejor aun, comprobarlas con un multímetro.

Normalmente los extremos positivo y negativo están etiquetados en la parte trasera del módulo o vienen con unos cables de codificados con colores, rojo y negro, como se puede ver en el recuadro de la Imagen 4.2.

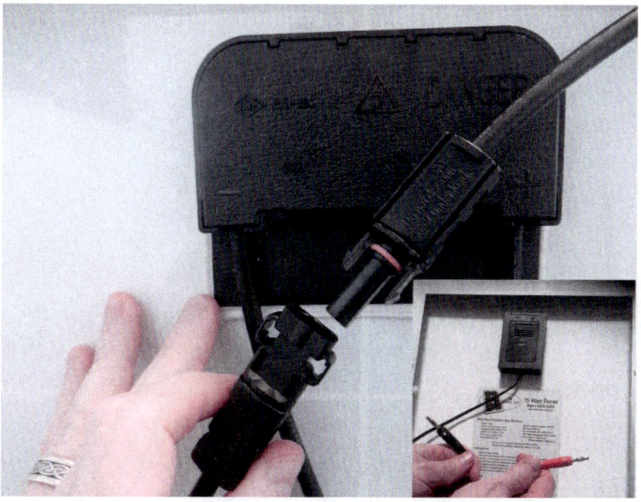

Imagen 4.2
Conectores MC4 en sistemas fotovoltaicos estándar. Ampliación: Muestra los colores codificados con los terminales negativo y positivo de un módulo fotovoltaico a pequeña escala.

La corriente fluye desde el terminal negativo a través de la **carga** (cualquier dispositivo que use corriente como una computadora, un refrigerador para vacunas, luz o radio) al terminal positivo. Para poder cablear los paneles de los sistemas fotovoltaicos solares a algo útil, hay que crear un circuito. El circuito más simple está hecho de un panel solar y una carga, como un ventilador, donde el camino de la corriente hace una vuelta completa, se ve en la Imagen 4.3.

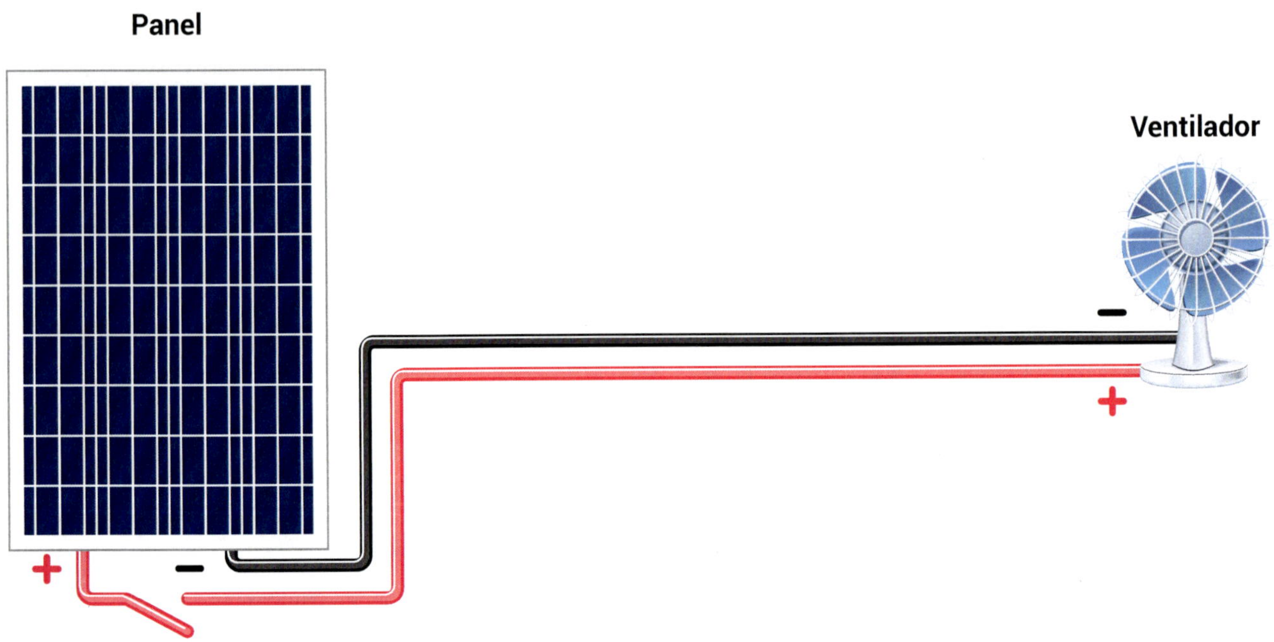

Imagen 4.3
Circuito de sistema fotovoltaico sencillo, con panel y ventilador

La corriente circula en el circuito en una única dirección: es simple. Sin embargo, al empezar a añadir múltiples paneles solares, hay tres opciones para cablearlos: 1) en serie, 2) en paralelo, o 3) en combinación. Aquí veremos los dos primeros casos.

Los **circuitos en series** solo tienen un camino por el que viaja la corriente en un circuito continuo cerrado, como el del ejemplo de la Imagen 4.4. Cuando se disponen los circuitos de esta manera, toda la corriente del circuito debe fluir a través de todas las cargas. En un circuito en serie, si se rompe el flujo de corriente en cualquier parte del circuito (por ejemplo, al colocar un interruptor y cerrarlo) la corriente deja de circular en todas partes. Cuando se cablean paneles solares en serie, se conecta el positivo de un panel solar al negativo del siguiente, y así sucesivamente, como se muestra en la Imagen 4.4. Cuando se cablean sistemas fotovoltaicos de paneles solares en **serie, la tensión se suma, pero la corriente medida en amperios es constante.** Como se ve en la Imagen 4.4, si se cablean cuatro módulos solares de 12 voltios y 5 amperios (con una potencia pico total de 60 W cada uno) en serie, el grupo tendrá 48 voltios y 5 amperios (potencia pico total de 240 W).

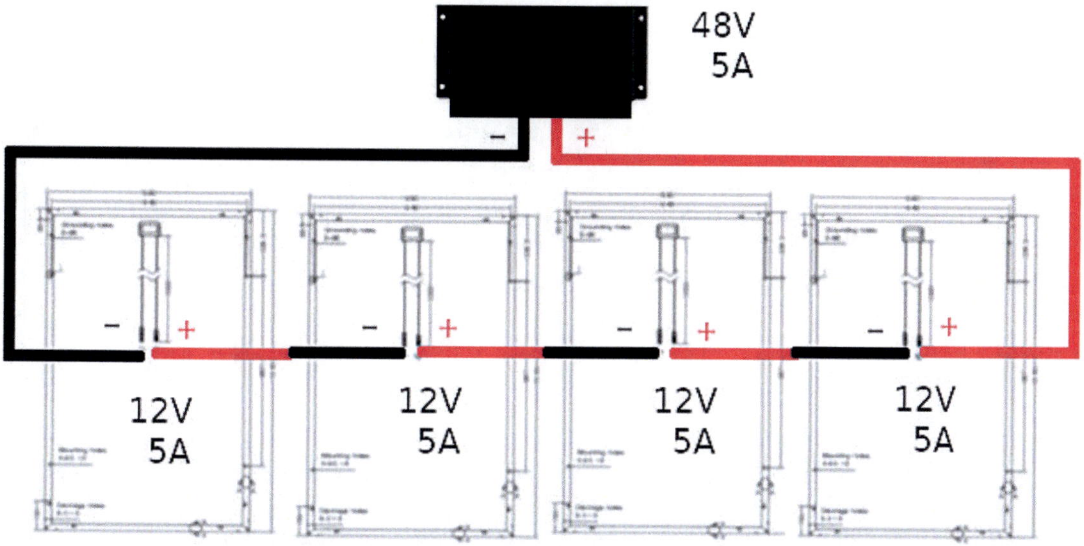

Imagen 4.4
Circuitos fotovoltaicos en serie.

Por otro lado, al cablear módulos solares en **circuitos en paralelo**, la corriente puede recorrer varios caminos para recorrer el circuito, como en la Imagen 4.5.

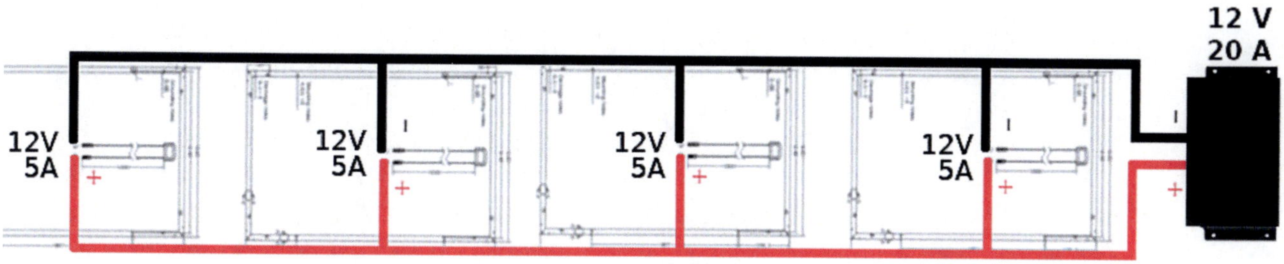

Imagen 4.5
Cableado en paralelo de sistemas fotovoltaicos.

En este tipo de circuito, incluso si ponemos un interruptor y lo apagamos en alguna parte del circuito, la electricidad tiene otros caminos por los que puede circular y puede ignorar el camino roto. Los circuitos paralelos suelen utilizarse para el cableado eléctrico de la mayoría de hogares, de modo que cuando apagamos la computadora, no se apagan las luces, y viceversa.

Cuando se conectan sistemas de paneles fotovoltaicos en paralelo, la corriente se suma, pero la tensión es la misma. Por lo tanto, como puedes ver, con los mismos paneles solares que teníamos en la Imagen 4.4, esta vez el voltaje se mantiene en 12 V en el circuito pero la corriente es 4 ramas x 5 A/rama o 20 A. Observemos que la potencia pico (12 V x 20 A) sigue siendo de 240 W.

Para los circuitos más simples, un cableado en serie puede ser apropiado, y para un sistema un poco más complejo, quizás la mejor opción sea en paralelo. Sin embargo, en los sistemas más complejos, también es posible utilizar cableado en paralelo y en serie en el mismo circuito. Esto es común en los sistemas fotovoltaicos solares que utilizan un inversor en cadena. En general, un inversor en cadena tiene una ventana de voltaje que necesita de los paneles fotovoltaicos solares para poder operar. Además, los inversores en cadena deben tener una corriente nominal para funcionar bien. Esto es porque los inversores en cadena tienen un seguimiento del punto de máxima potencia (MPP) que hace variar la corriente y la tensión para producir la mayor potencia (la máxima) para una cantidad específica de luz solar recibida. Como la intensidad de la luz solar tiende a variar a lo largo del día, el conjunto del sistema fotovoltaico enviará al inversor una variedad de tensiones y corrientes.

Asumamos que estamos diseñando un sistema fotovoltaico de 480 Wp con un inversor en cadena que tiene una ventana de voltaje que se abre a 48 V. Para este sistema, tenemos acceso a mini módulos de 60 W, que tienen una Voc (tensión de circuito abierto) de 12 V. Para alcanzar el rango de tensión mínima, necesitamos cuatro módulos en serie.

Si el tamaño de nuestro sistema será de 480 Wp o más, 60 W para cada uno no serán suficientes. ¡Necesitamos más potencia! Necesitamos un sistema de ocho módulos (480 W/ 60 W por módulo = 8 módulos).

Por lo tanto, tendremos dos cadenas de cuatro módulos que cablearemos en paralelo, como en la Imagen 4.6.

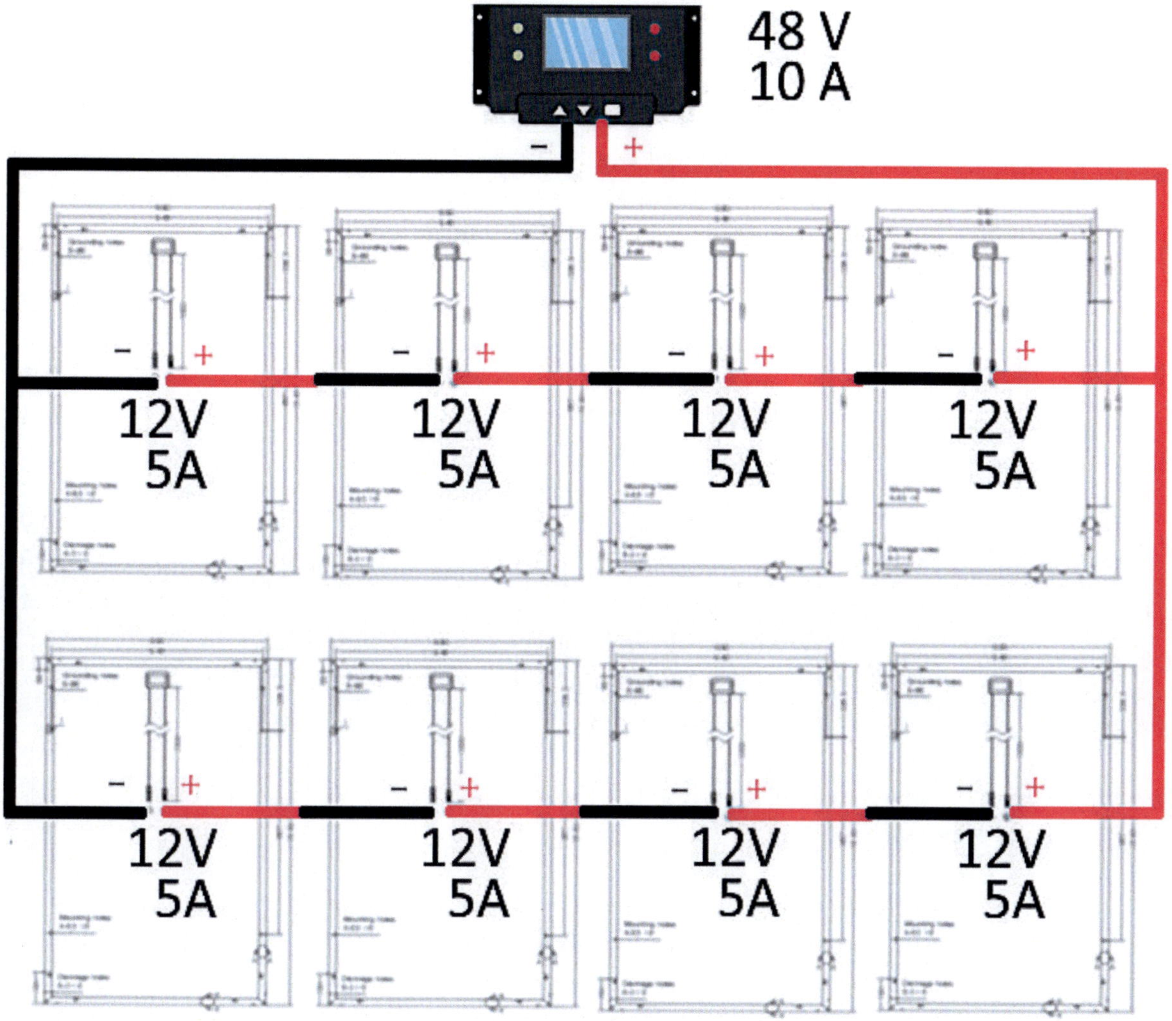

Imagen 4.6
Dos cadenas cableadas en serie, en las que las cadenas han sido cableadas en paralelo.

4.3. Potencia y energía

La potencia y la energía a menudo se utilizan de manera intercambiable en los medios de comunicación populares, lo que puede ser realmente confuso. No son lo mismo. Oficialmente, la **potencia eléctrica** es la tasa por unidad de tiempo, por la cual la energía eléctrica se transfiere mediante un circuito eléctrico. Es por eso que la gente a menudo se confunde, porque la potencia es equivalente a la energía dividida por el tiempo. Esto es exactamente análogo a la velocidad y la distancia. Una persona puede haber circulado en bicicleta a unos 30 km por hora (lo que sería equivalente a una potencia de 20 W). Esta persona puede haber circulado por tres horas y por lo tanto viajado unos 90 km en total, ya que 30 km/hora * 3 horas = 90 km en total. Esto es lo mismo que un aparato de 20 W funcionando durante 3 horas, que usaría 60 Wh de energía porque 20 W * 3 horas = 60 Wh. Por lo tanto, la potencia es una tasa análoga a la velocidad, y la energía una cantidad análoga a la distancia.

La **potencia eléctrica** es producida por celdas solares. Se mide en vatios (W). Las células solares se venden en unidades basadas en la potencia. Esto significa que está pagando una cantidad determinada de dinero por unidad de potencia. Wp es la potencia en vatios para el **cálculo en horas solares pico discutidas anteriormente.** La potencia no depende del tiempo: un ventilador portátil de 65 W consume 65 W de potencia todo el año (asumiendo que esté en máxima potencia). Los vatios son algo pequeños (dan suficiente potencia para un teléfono móvil o juguete) por lo que aparatos más grandes como un auto o una casa podrían necesitar kilovatios (kW). Un kW es equivalente a 1000 W.

La **energía eléctrica** es una forma particular de energía que resulta del flujo de carga eléctrica como la que ocurre cuando el sol alcanza los paneles solares. La energía tradicional es llanamente la habilidad de aplicar una fuerza para mover un objeto. En el caso de la energía eléctrica, la fuerza se aplica para mover las partículas cargadas (electrones). A veces llamamos **electricidad** a la energía eléctrica para referirnos a la presencia y flujo de carga eléctrica. La energía eléctrica suele medirse en kilovatios hora (kWh). Hoy en día, un kWh en Estados Unidos cuesta unos 13 centavos.[114]

Es importante recordar que la potencia y la energía son diferentes. El ventilador portátil puede consumir 65 W de potencia. Esto significa que por cada hora que está encendido, utilizará 65 Wh (vatios-hora) de energía eléctrica. Lo que afecta el tamaño del grupo del sistema fotovoltaico o del banco de batería es la energía total necesaria, no la potencia.

Una analogía que se suele utilizar para ayudar a comprender la diferencia entre potencia y energía se basa en los tanques de agua.

Imagen 4.7
Analogía entre el almacenamiento de un tanque de agua y de energía eléctrica.[115]

El agua del tanque de agua de la Imagen 4.7 es energía almacenada. Cuando se abre el grifo de la parte inferior, el flujo de agua que sale de la torre es potencia. La energía puede almacenarse en baterías, igual que el agua que se almacena en la torre. La energía también puede fluir. Cuando la energía fluye, puede hacer funcionar un motor eléctrico, operar un refrigerador o encender las luces. La velocidad en la que fluye la energía, tanto si es el agua que fluye o la electricidad que fluye, se llama potencia. La misma cantidad de energía puede liberarse en alta potencia (lo que ocurrirá muy rápidamente, como

114 EIA. https://www.eia.gov/electricity/monthly/epm_table_grapher.php?t=epmt_5_6_a

115 https://www.flickr.com/photos/0ccam/29763093938 Attribution-ShareAlike 2.0 Generic (CC BY-SA 2.0)

cuando se presiona el acelerador de un vehículo eléctrico o a baja potencia (que tomará más tiempo como cuando empiezas a conducir y lo haces cautelosamente).

Asumamos que tenemos 1 kW de potencia de paneles solares constituido por cuatro paneles que cuentan con 250 W cada uno. Este conjunto tiene por lo tanto 1000 W de potencia total (1 kW). Según dónde coloquemos el conjunto de 1 kW, la energía que produzca en un día determinado será distinta. El kWh/kW es la cantidad de energía que podemos esperar que generen en un plazo de tiempo dado, por lo que podemos hablar de kWh/kW al año o al mes o al día, etc. En Ontario, Canadá, en el transcurso de un año, podemos esperar alcanzar entre 1.100 y 1.300 kWh/kW. Por lo tanto, si encontráramos módulos fotovoltaicos más pequeños y menos caros en el mercado y compráramos cinco paneles solares de 200 W, todavía seguiríamos teniendo 1 kW de potencia. Si los instaláramos en Toronto, generarían aproximadamente entre 1.100 y 1.300 kWh al año.

4.4. Curvas I-V

Una de las principales maneras de caracterizar las células solares es con un **gráfico I-V** en el que la densidad de la corriente se muestra en función del voltaje, como en la Imagen 4.8.).

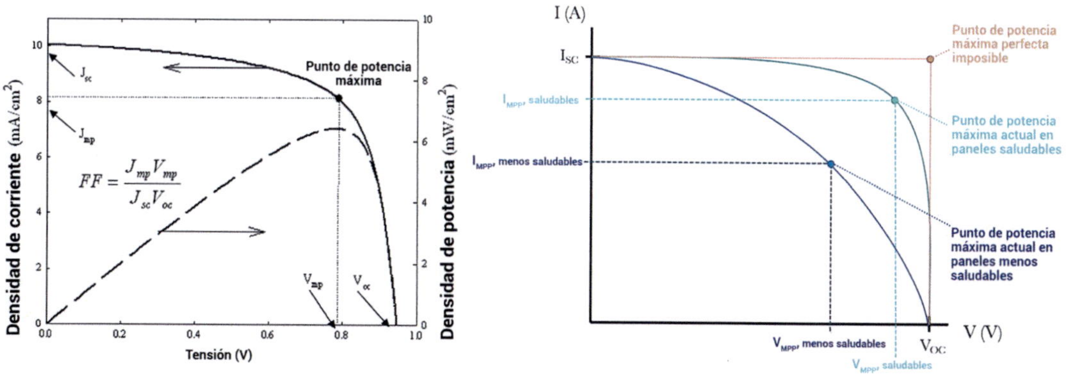

Imagen 4.8

Ejemplo de gráfico I-V y gráfico de la densidad de la potencia de una celda solar (izquierda) y ejemplo de curvas ideal, real y mediocre a la derecha.

Cuando el voltaje es cero, tenemos una corriente máxima (gráfico izquierdo de la Imagen 4.8), llamada **corriente de cortocircuito (I_{sc})** y llamada **densidad de corriente de cortocircuito (J_{sc}).** Si aumentamos el voltaje, la corriente desciende, como vemos al seguir la línea a la derecha. Si seguimos aumentando el voltaje, la corriente pasa a cero, y esto se llama un circuito abierto y el voltaje en este momento es la **tensión de circuito abierto (V_{oc})**. Además de la línea continua que sigue las unidades en el eje izquierdo, también hay otra discontinua en la Imagen 4.8, que indica la densidad de potencia y se muestra en el eje derecho. La potencia puede escribirse:

Potencia [W] = corriente [A] x voltaje [V] [W] (ecuación 5.1)

La densidad de corriente máxima y el voltaje se encuentran en su punto de máxima potencia porque después de ello, la potencia, así como la corriente, caen a medida que nos movemos hacia la derecha del gráfico. La densidad de corriente para la potencia máxima se etiqueta como J_{mp}, y la potencia máxima para el voltaje es V_{mp}. El factor de forma (FF) para una celda solar se define como:

$$FF= (J_{max})(V_{max}) /(J_{sc})(V_{oc}) \quad \text{(ecuación 5.2)}$$

Podemos pensar en la curva I-V como en una colina. Una colina con una inclinación gradual tendrá un bajo FF, lo que resultará en una potencia y una eficiencia bajas. Una colina muy inclinada tendrá una potencia y una eficiencia mayores. Un factor de forma del 100 % tendría un ángulo recto en la Imagen 4.8.

Las curvas I-V y de potencia-voltaje también se ven influenciadas por la cantidad de luz. A medida que la intensidad de la luz disminuye, también lo hacen el potencial de potencia y de corriente de la celda solar, como en la Imagen 4.9.

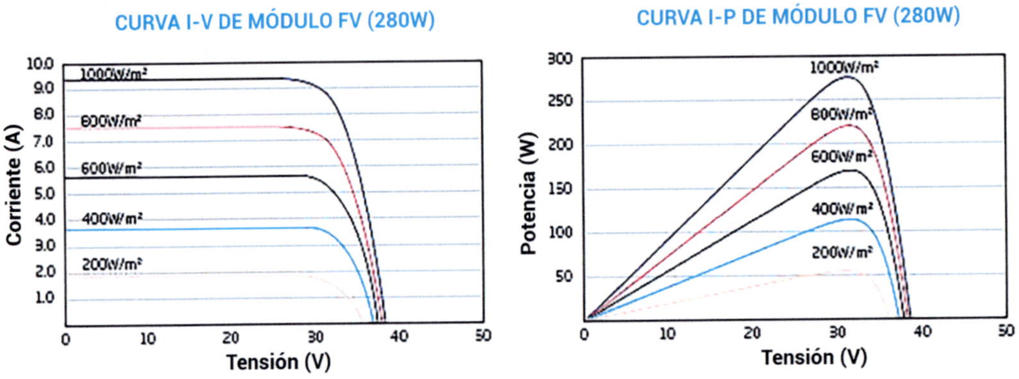

Imagen 4.9
Curvas IV y PV como función de intensidad lumínica para una celda solar estándar de silicio.

4.5 Seguridad

La seguridad siempre es crítica. Las organizaciones internacionales, nacionales y locales pueden prescribir sus propias medidas de seguridad. Es crítico que etiquete correctamente y que siga las directrices relevantes. Para dar un ejemplo específico, a día de hoy, los diseñadores estadounidenses deben seguir leyes, normativas y códigos estrictos especificados en el Artículo 690 del Código Nacional Eléctrico (NEC, por sus siglas en inglés) llamado Sistemas fotovoltaicos solares, al instalar sistemas solares.[116] El Artículo 690 entra en detalles legales y regulatorios que hacen referencia a los sistemas solares y a los circuitos dentro de los Estados Unidos. Desafortunadamente, el lenguaje utilizado en los códigos puede ser muy críptico o denso, por lo que siempre es buena idea pedir ayuda o consejo de alguien que tenga experiencia instalando energía solar en tu área. Dicho esto, aquí hay unas directrices básicas de seguridad que hay que seguir, independientemente de dónde nos encontremos.

Como punto final, trabajar con electricidad es peligroso. Este libro está creado con la intención de ayudarte a diseñar, calcular el tamaño y construir sistemas fotovoltaicos, pero no debería considerarse una guía para trabajar con electricidad. Si estás empezando ahora, te sugerimos que empieces con un sistema pequeño de 12 V para evitar algunos de los muchos peligros. Esta sección de seguridad está ampliada con apuntes de seguridad en los otros apartados, especialmente aquellos que tratan las baterías, que a menudo son los componentes más peligrosos.

4.5.1. Etiquetado

Los aspectos positivos de etiquetar son que todo el mundo que trabaje con el sistema tendrá una comprensión básica de lo que tienen delante, sin importar su experiencia con los sistemas solares. Un sistema bien etiquetado aumenta considerablemente la seguridad del sistema y es una oportunidad de aprendizaje para cualquiera que esté interesado.

116 https://www.fuelcellstore.com/blog-section/standards-and-requirements-for-solar-systems

4.5.2. Seguridad del cableado

El cableado bien organizado aumenta la seguridad en la construcción, la operación y el mantenimiento. Aquí hay algunos trucos para hacer un cableado seguro.

- Elige cables aislados adecuadamente para el voltaje y las condiciones medioambientes.
  - Por ejemplo, los cables expuestos en los tejados necesitan un aislamiento más grueso que los cables de interior.
- Mantén los colores de tu cableado consistentes con un código de colores.
  - Algunos colores los dicta el código local.
  - También sugerimos añadir una leyenda con los códigos de los colores.
- Utiliza un buen tamaño de cables.
  - Si tus cables tienen un tamaño menor al adecuado, se calentarán y podrían representar un peligro de incendio. Presta atención al apartado referente al cable.

En el apartado 5.8 hay más información.

4.5.3. Equipo y sistema de conexión a tierra

La conexión a tierra no suele ser obligatoria para los sistemas solares pequeños (especialmente aquellos que trabajan a menos de 50 V), pero si puedes, siempre deberías conectar a tierra el equipo. Consulta el apartado 5.9 para más información.

4.5.4. Distancias de seguridad y prudencia

Al instalar un sistema solar, puedes encontrarte en una situación peligrosa. Aquí hay algunas indicaciones generales para aumentar tu seguridad y prudencia.

- Si instalas paneles en el tejado, asegúrate de que tienes algún tipo de protección en caso de caída.
- Para cualquier equipo por el que pase electricidad y que pueda necesitar mantenimiento (regulador de carga, inversor, etc.) debería proporcionarse suficiente

distancia a su alrededor por si hubiera una descarga eléctrica (el Artículo 690 del NEC especifica un espacio de 1 metro frente al equipo y 7,5 metros de ancho).

- Abre los interruptores hacia los paneles antes de trabajar en el sistema.
- Quítate cualquier ropa, joya, accesorio, etc. metálicos antes de trabajar en el sistema.
- Mantén cualquier material inflamable lo más lejos posible del sistema.
- Mantén tu lugar de trabajo organizado. Idealmente, todos los componentes deberían estar a la vista y de fácil acceso (especialmente los componentes que necesiten mantenimiento).
- Después de la instalación, inspecciona visualmente y con frecuencia tus sistemas en busca de cualquier signo de desgaste y ruptura.
- Usa herramientas aisladas si es posible.

5. Componentes

Los sistemas fotovoltaicos se pueden adaptar a muchas necesidades y ambientes. Esta adaptabilidad los convierte en una tecnología ideal para la infinidad de situaciones con las que se puede topar un diseñador. Esta adaptabilidad también crea un reto interesante en la generalización de un sistema de aprendizaje. A efectos de este libro, nuestro sistema básico será pequeño (de 100 a 500 W), con un regulador de carga, baterías, cargas CA y cargas CC, como en la Imagen 5.1. Sacaremos componentes para un sistema más simple y pequeño (por ej. sin batería) y añadiremos componentes para un sistema más complejo y grande (por ej. un pararrayos).

Sistema FV básico, con regulador de carga, baterías, cargas de CA y cargas de CC

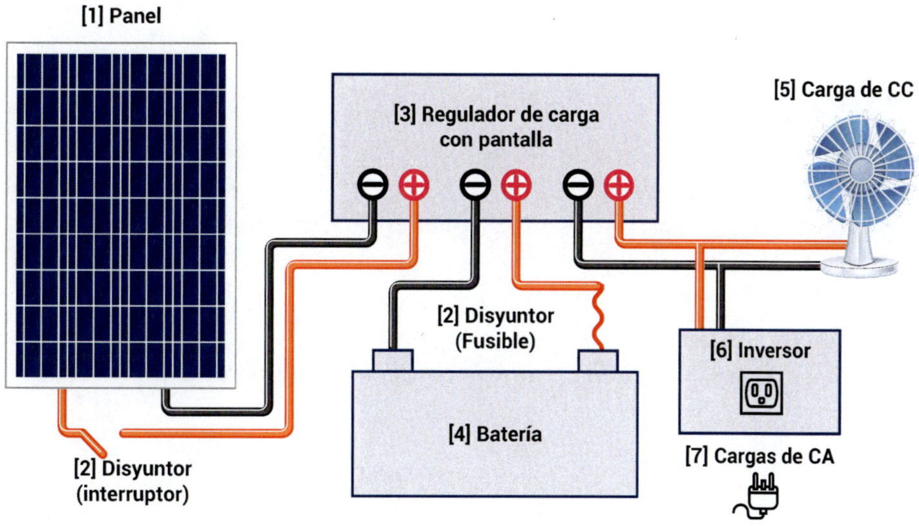

Imagen 5.1

Sistema fotovoltaico básico con [1] panel fotovoltaico, [2] Disyuntor (interruptor), [3] regulador de carga, [2] Disyuntor (fusible o disyuntor), [4] batería, [5] cargas de CC o disyuntores y enchufes CC, [6] Inversores y [7] cargas de CA o subpanel CA. Los cables y enchufes se representan con las líneas rojas y negras. No se muestran otros dispositivos de seguridad y de anclaje. También se observa que muchas cargas de CC y CA necesitarán demasiada corriente para estar conectadas directamente al regulador de carga tal y como se ven.

Cada uno de estos componentes están explicados en detalle a continuación.

[1] Paneles – colección de celdas fotovoltaicas laminadas entre una capa transparente y una parte encapsulada. Las celdas fotovoltaicas son materiales semiconductores delgados que generan energía cuando se exponen a la luz solar. Ver Imagen 5.1.

[2] Disyuntores – interrumpen el circuito (es decir, detienen el flujo de corriente en el circuito). Los interruptores permiten cortar el circuito manualmente, mientras que los fusibles y los disyuntores lo hacen automáticamente cuando fluye demasiada corriente. Ver Imagen 5.2. y Apartado 5.2.

[3] Reguladores de carga – regulan el voltaje de la batería y controlan la tasa de carga o el estado de carga de las baterías o de las cargas. A menudo, un regulador de carga tendrá un indicador que muestra las mediciones vitales del sistema. Ver Imagen 5.1 y Apartado 5.3.

[4] Baterías – almacenan la energía generada por los paneles. Ver Imagen 5.1 y Apartado 5.4.

[5] Cargas CC – cualquier dispositivo CC (o componente, o electrodoméstico) que toma energía del sistema. Las cargas de CC habituales son cualquier objeto que se enchufe a un auto, como los encendedores de auto y muchos aparatos alimentados por baterías. La mayoría de cargas pueden encenderse o apagarse. Ver Imagen 5.1 y el Apartado 5.5.

[6] Inversores – convierten la corriente continua generada por los paneles, o almacenada en las baterías, en corriente alterna utilizada por muchos dispositivos en los hogares. Ver Imagen 5.1 y el Apartado 5.6.

[7] Cargas de corriente alterna (CA) – cualquier dispositivo de corriente alterna (o componente, o electrodoméstico) que toma energía del sistema a través del inversor. Las cargas de CA son cualquier aparato que se conecte a un enchufe de pared. La mayoría de cargas pueden encenderse o apagarse. Ver Imagen 5.1 y el Apartado 5.7.

[8] Cables y enchufes – transportan la corriente eléctrica a los distintos componentes. Ver Imagen 5.1 y Apartado 5.8.

[9] Otros dispositivos de seguridad – evitan descargas, fuego y otros riesgos. Estos dispositivos incluyen puesta a tierra, pararrayos, disyuntores de CC y CA y subpaneles. Ver Imagen 5.36 y el Apartado 5.9.

[10] Anclajes – Hay mecanismos de anclaje que ayudan a sujetar físicamente los paneles. Ver Imagen 5.24 y Apartado 5.10.

5.1. Paneles

Sin importar el tipo, un **arreglo de paneles solares** está hecho de **paneles solares** (o de **módulos solares** para no confundirlo con los paneles solares térmicos), y estos están compuestos de **células solares**.

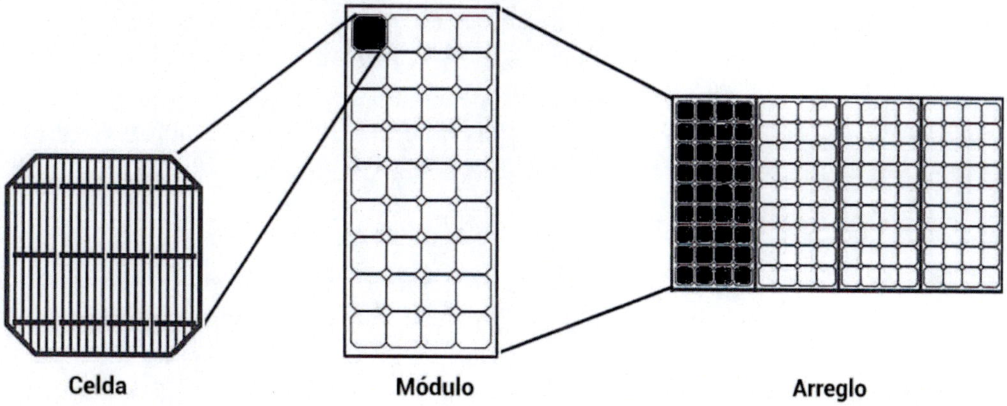

Imagen 5.2
Relación entre una celda, un módulo y un arreglo de paneles solares

La Imagen 5.2 muestra un dibujo de una celda, un módulo y un arreglo de paneles solares. La celda es una única célula y el ejemplo mostrado aquí es de silicio cristalino. Al combinar varias celda individuales, se forma un panel (o módulo). Este es el dispositivo electrónico que se puede comprar en las tiendas, a un proveedor o por internet. Los módulos están cableados entre ellos para obtener un arreglo de paneles. La celda fotovoltaica es la unidad básica en el sistema fotovoltaico. Una celda fotovoltaica individual suele producir entre 1 y 2 W, apenas suficiente energía para la gran mayoría de aplicaciones. Pero se puede aumentar la potencia conectando células para formar una unidad mayor, llamada módulo. Los módulos suelen ser suficientes para alimentar pequeños aparatos. Si esto no es suficiente energía, entonces los módulos, a su vez pueden conectarse para crear una unidad más grande, conocida como arreglo de paneles. De esta manera, se puede construir un sistema fotovoltaico que cubra las necesidades de casi cualquier exigencia energética, sin importar el tamaño.

Los tipos más habituales de celdas solares están basadas en silicio. Las celdas solares de silicio cristalino son circulares (a pesar de que a menudo las cortan en círculos truncados o incluso en cuadrados o rectángulos) por lo que se pueden colocar más cerca al espaciarlas en el módulo. Las celdas solares multicristalinas o de silicio policristalino son cuadradas y, en general, los múltiples cristales son visibles a simple vista en la superficie. Las celdas solares de película delgada son hojas extremadamente finas de semiconductor, y suelen estar integradas de tal manera que parecen tiras finas y largas de material. Las **celdas solares** generan voltaje y corriente al exponerlas a la luz solar. Un **panel o módulo solar** es un grupo de celdas fotovoltaicas laminadas entre una capa transparente (generalmente vidrio bajo en hierro) y un sustrato encapsulador. La mayoría de paneles solares tienen una parte frontal de vidrio y una trasera de plástico. Algunas celdas finas se encuentran entre dos capas de vidrio, mientras que otras están entre una hoja fina de metal y otra de plástico. Las celdas solares pueden fabricarse en varios materiales, como se ve en la Imagen 3.15.

Puede aprender casi todo lo que necesita saber sobre el módulo solar leyendo la hoja de especificaciones del fabricante. Hoy en día, Trina Solar fabrica la mayor cantidad de módulos solares de cualquier empresa global, por lo que los usamos aquí como ejemplo. La misma información puede encontrarse en la hoja de especificaciones de cualquier módulo fotovoltaico comercial. Los módulos estándar suelen venir en un módulo de 60 celdas fotovoltaicas y un tamaño mayor con 72 celdas.[117] Ambos tipos están disponibles en silicio cristalino (monocristalino) y en policristalino. La hoja de especificaciones de la versión de 60 células que tiene una potencia de salida de 265-285 W se muestra en la Imagen 5.3 y en la 5.4.

Como se puede observar en la Imagen 5.3, los datos eléctricos para una gama de calidades de paneles (265 W a 285 W en incrementos de 5 W) se muestran en Condiciones de Ensayo Estándar (STC) (1000 W/m^2, 25 °C y AM1.5), como se discute en el Apartado 4.4 sobre eficiencia. El valor más importante es el Wp max, que será el que usarás para calcular el rendimiento de tu sistema. También se proporcionan los datos eléctricos de cada módulo Wp bajo condiciones de operación normales (NOCT) de 800 W/m^2, temperatura ambiente de 20 °C, y velocidad del viento de 1 m/s. Aunque la temperatura ambiente es menor que la temperatura de la celda en condiciones de ensayo estándar, la energía que proporciona una célula determinada se reduce considerablemente debido al menor flujo de energía solar. Hay que tener cuidado al utilizar los valores NOCT para tu sistema, ya que podrías tener temperaturas más altas. Observa que en STC, las celdas están enfriadas activamente, y los módulos fotovoltaicos de silicio cristalino dependen en gran medida de la temperatura, como se mencionó anteriormente y como se muestra en los rangos de temperatura de la Imagen 5.4. Anótese también que la hoja de especificaciones técnica también proporciona las temperaturas operativas con las que puede funcionar el módulo, así como la capacidad del fusible y voltaje máximo del sistema, lo que puede utilizarse para diseñar los componentes de balance del sistema eléctrico (BOS, por las siglas en inglés de *balance of system*). Asimismo, como se ve en la Imagen 5.4, la información mecánica proporcionada permite diseñar el sistema de anclaje e indica el tipo de conector que tiene para las conexiones eléctricas. Como muchos módulos del mercado, estos llevan una garantía de potencia de 25 años.

117 https://www.trinasolar.com/us/product

DATOS eléctricos (STC)					
Potencia máxima nominal - P_{MAX} (Wp)*	265	270	275	280	285
Tolerancia de potencia - P_{MAX} (W)			0 ~ +5		
Voltaje a máxima potencia$_{VMP}$ (V)	30,8	30,9	31,1	31,4	31,6
Corriente a máxima potencia- I_{MPP} (A)	8,61	8,73	8,84	8,92	9,02
Voltaje en circuito abierto - $_{VOC}$ (V)	37,7	37,9	38,1	38,2	38,3
Corriente de cortocircuito - $_{ISC}$ (A)	9,15	9,22	9,32	9,40	9,49
Eficiencia del módulo ηm (%)	16,2	16,5	16,8	17,1	17,4

STC: Irradiancia 1000 W/m². Temperatura de la celda 25 °C, masa de aire AM1.5.

* Midiendo la tolerancia ±3 %

DATOS eléctricos (NOCT)					
Máxima potencia -$_{PMAX}$ (Wp)	197	200	204	208	211
Voltaje a máxima potencia $_{VMP}$ (V)	28,5	28,6	28,8	29,0	29,2
Corriente a máxima potencia- I_{MPP} (A)	6,90	7,00	7,09	7,15	7,23
Voltaje en circuito abierto - $_{VOC}$ (V)	34,9	35,1	35,3	35,4	35,5
Corriente de cortocircuito - $_{ISC}$ (A)	7,39	7,44	7,52	7,59	7,66

NOCT: Irradiancia a 800 W/m². Temperatura ambiente 20 °C. Velocidad del viento 1 m/s

Imagen 5.3

Datos eléctricos típicos de módulo fotovoltaico nominal de 24 V encontrado en una hoja de especificaciones.

DATOS MECÁNICOS	
Celdas solares	Policristalinas 156,75 x 156,75 mm (6 pulgadas)
Orientación de la celda	60 celdas (6 x 10)
Dimensiones del módulo	1650 x 992 x 35 mm (65,0 x 39,1 x 1,38 pulgadas)
Peso	18,6 kg (41,0 lb)
Vidrio	3,2 mm (0,13 pulgadas). Transmisión alta. Vidrio templado antirreflejante
Parte posterior	Blanco (PD05, PD05.08) | Negro (PD05.05)
Marco	Marco de aleación de aluminio anodizado negro (PD05.08, PD05.05)
Caja de conexión	IP 67 o IP 68
Cables	Cables para tecnología fotovoltaica 4,0mm² (0,006 pulgadas²) | 1000 mm (39,4 pulgadas)
Conector	MC4
Resistencia al fuego	Tipo 1 o Tipo 2

CÁLCULOS DE TEMPERATURA	
NOCT (temperatura de funcionamiento nominal de la celda)	44°C (±2 °C)
Coeficiente de temperatura a P_{max}	-0,41%/°C
Coeficiente de temperatura V_{OC}	-0,32%/°C
Coeficiente de temperatura I_{SC}	0,05%/°C

MÁXIMOS	
Temperatura de funcionamiento	-40 ~ +85 °C
Voltaje máximo del sistema (IEC)	1000 V CC
Voltaje máximo del sistema (UL)	1000 V CC
Fusible serie máximo	15 A

(NO conectar el fusible en la caja combinadora con dos o más cadenas conectadas en paralelo)

GARANTÍA
10 años de garantía de manufactura del producto
25 años de garantía lineal de potencia

Imagen 5.4

Información típica encontrada en hojas de especificaciones de módulos sobre aspectos mecánicos, de temperatura, valoraciones, garantía y empaquetado.

Los módulos o conjuntos no constituyen un sistema fotovoltaico en sí; las estructuras que sostienen los módulos y los componentes del sistema forman el resto del sistema y se mencionan como componentes de balance del sistema (BOS). Los componentes del sistema constan del equipo eléctrico adicional y de las estructuras físicas necesarias para que el sistema fotovoltaico funcione correctamente. En algunos conjuntos, los módulos están colocados directamente sobre el tejado. Veremos ejemplos en un momento. Hay un ahorro significativo al hacer esto, ya que evita infraestructura como cemento y varas metálicas para apoyar las estructuras de los módulos, que forman parte del anclaje. En algunos sistemas pequeños o portátiles, los anclajes no son necesarios. También se necesitan equipos de acondicionamiento energético que convierten la electricidad a la forma y magnitud necesarias para una carga de corriente alterna. La electricidad producida por celdas solares es CC (y puede usarse para ciertas aplicaciones que la requieren), pero luego puede circular por un inversor para convertirla en CA. Cuando no se está conectado a la red, en muchas aplicaciones fotovoltaicas, es necesario almacenar la energía de alguna manera, como en baterías, para los días nublados o para la noche. Incluso si los sistemas están conectados a la red, a veces los usuarios quieren una batería de apoyo energético por motivos de seguridad.

5.2. Disyuntores

Disyuntores es un término general para llamar a una serie de dispositivos que interrumpen la conexión de un circuito. Es práctico interrumpir la conexión de un circuito, manual o automáticamente, para encender o apagar un sistema, para realizar operaciones de mantenimiento o reparación de un sistema y por motivos de seguridad para prevenir una descarga. Probablemente, un interruptor es la manera más conocida de interrumpir manualmente la conexión en un circuito. El fusible es probablemente el método automático más conocido de interrumpir la conexión a un circuito. Los disyuntores se encuentran disponibles de muchos tipos y se indican como CC o CA según su voltaje máximo y su corriente.

La mayoría de sistemas fotovoltaicos requieren más de un tipo de disyuntor por motivos de operabilidad y seguridad. Los tipos de disyuntores más pertinentes en los sistemas fotovoltaicos son:

- **Interruptores** – interrumpen manualmente la circulación en un circuito. Se muestran en la Imagen 5.5.
- **Disyuntor CC** – interruptores generalmente usados en aplicaciones especiales y de alta tensión o condiciones de corriente alta como en la Imagen 5.6.
- **Fusibles** - previenen el daño a componentes e incendios al interrumpir automáticamente la circulación en un circuito cuando hay un cortocircuito o un exceso de carga. Los fusibles utilizan pequeños filamentos que se rompen, y por lo tanto requieren ser cambiados, cada vez que un fusible salta, o interrumpe la circulación. Hay distintos tipos de fusibles (y alojamientos de fusibles) para varias ocasiones. Se muestran en la Imagen 5.7.
- **Interruptor con fusible** - es la combinación de un interruptor con un fusible. Suelen se ideales en situaciones de corriente alta pero no son tan prácticos como los disyuntores.
- **Disyuntor de circuitos** - interrumpe automáticamente la corriente cuando esta excede los amperios especificados y puede reiniciarse después. Vienen a ser lo que se ve cuando se abre un panel de disyuntores en una vivienda. Se muestran en la Imagen 5.8.
- **Interruptor diferencial (GFCI)** - interrumpe automáticamente el circuito al detectar una diferencia entre la corriente entrante y saliente. Funcionan muy rápido y están instalados específicamente para evitar descargas. Por lo tanto, suelen instalarse allí donde hay un enchufe (o tomacorrientes) cerca del agua. En oposición a otros disyuntores (que no utilizan electricidad), los GFCI (por sus siglas en inglés *ground fault circuit interrupter*) suelen consumir entre 1 y 7 vatios (lo que puede ser bastante para un sistema pequeño).

Hay que seleccionar cuidadosamente los disyuntores adecuados que se encuentran disponibles, sean económicos y que concuerdan con las necesidades del sistema y de seguridad. Siempre será necesario colocar un fusible o un disyuntor lo más cerca posible del terminal positivo, puesto que la batería es la mayor fuente de riesgo de cortocircuito. Es muy útil tener un interruptor o disyuntor cerca de los paneles para poder apagar el sistema cuando sea necesario realizar mantenimiento. Es posible que no sea necesario en sistemas pequeños (por ej. 50 W a 12 V), puesto que se puede bloquear la luz de los paneles. En sistemas mayores (por ej. 1 kW a 48 V) es posible que sean obligatorios un disyuntor CC y un interruptor por seguridad.

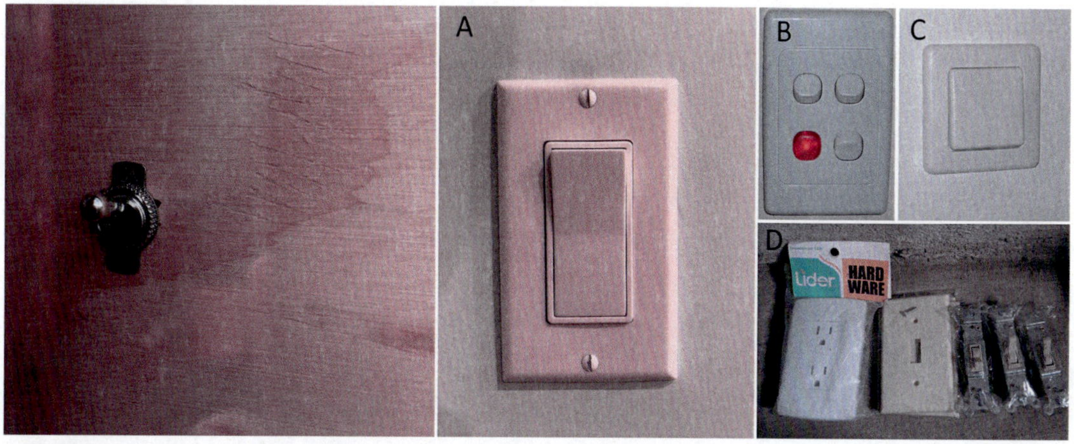

Imagen 5.5

Interruptores en viviendas CC (izquierda) y CA (derecha). A es un interruptor de 120 VAC basculante, habitual en Norteamérica, B es un interruptor de 240 VAC con 4 botones habitual en algunas partes de África y Oceanía, C es un interruptor de 230 VAC basculante habitual en Europa, y D muestra interruptores de 120 VAC con perilla habituales en Norteamérica. Atención: muchos países cuentan con interruptores con variantes. appropedia.org/Six_Rivers_Charter_School_solar_cellphone_charger, appropedia.org/Light_switch_by_country

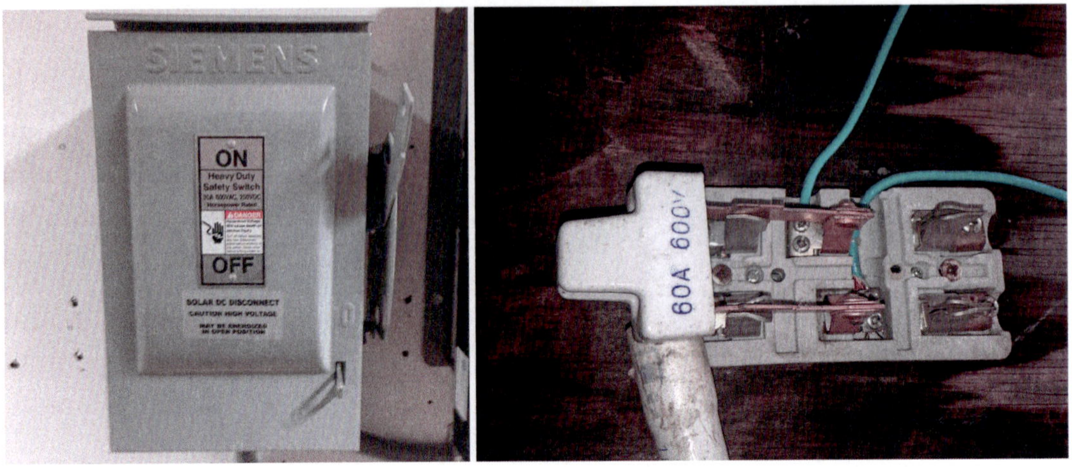

Imagen 5.6

Disyuntor de 30 A para 600 V AC o 250 V DC (izquierda) y uno de 60 A para 600 V AC con doble polaridad (derecha). Interruptor bipolar (derecha). appropedia.org/CCAT_PV_system/OM, appropedia.org/Ghetto2Garden_renewable_energy_2014

Imagen 5.7

Fusibles de vidrio (izquierda) y fusibles de cuchilla sueltos y colocados (derecha). appropedia.org/Ghetto2Garden_solar_power, appropedia.org/UTC_photovoltaic_learning_station

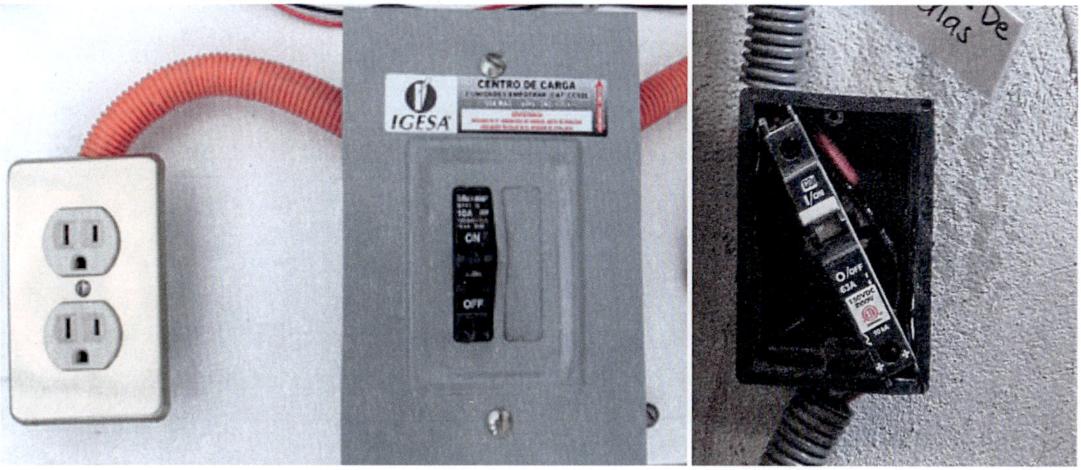

Imagen 5.8

Interruptor de 120 VAC - 10 A en un tablero de distribución con conducto y enchufes de 120 VAC (izquierda) y un interruptor de 150 VDC - 63 A en una ubicación temporal en una caja de conexión (derecha). appropedia.org/UTC_photovoltaic_learning_station, appropedia.org/Practivistas_solar_2015

5.3. Reguladores de carga

Los Reguladores de carga[118] regulan el voltaje de la batería y controlan la tasa de carga o el estado de carga de las baterías o de las cargas. Como se comentó en el Apartado 5.1, Paneles, los paneles solares producen una tensión variable. A pleno sol, la tensión de un panel solar puede ser un poco mayor que la tensión nominal del sistema. La necesidad de un regulador de carga surge ya que los dispositivos eléctricos son sensibles a la fluctuación del voltaje y la sobrecarga puede destruirlos. Además, las baterías pueden destruirse rápidamente debido a las sobrecargas. Asimismo, algunos reguladores de

118 Ver más en https://www.appropedia.org/Photovoltaic_charge_controllers

carga utilizan algoritmos de carga que pueden prolongar la vida de la batería (es decir, carga en 3 etapas, o «inteligente», en las baterías de plomo-ácido).

Los reguladores de carga se encuentran disponibles en muchos voltajes, corrientes y configuraciones: sin regulador, regulador de tensión, regulador de carga básico con desconexión por bajo voltaje (LVD), modulación por ancho de pulso (PWM) y regulador del punto de máxima potencia (MPP).

Una indicación sobre los reguladores de carga: La mayoría de reguladores de carga tienen un orden de conexión y desconexión predeterminados, que deben seguirse. Este orden de conexión suele ser: primero la batería, segundo los paneles y tercero las cargas. El orden de desconexión suele ser exactamente lo opuesto: primero la carga, segundo los paneles y por último la batería.

5.3.1. Sin regulador de carga

En algunos casos, no es necesario tener un regulador de carga. Los dos casos principales son cuando (a) una carga de CC no es sensible a la variación de tensión de los paneles solares y (b) se conectan paneles con muy baja corriente a una batería grande. El primer caso puede pasar con un ventilador solar o una bomba solar. El segundo caso se llama un cargador de goteo.

5.3.2. Regulador de tensión

Un regulador de carga (Imagen 5.9) es un simple regulador de carga que limita la tensión a la tensión máxima. Un regulador de tensión es ideal para ser colocado en un sistema fotovoltaico que no tenga batería, ya que los reguladores de carga más complejos necesitan una batería. Los regulador de tensión suelen ser más caros que los reguladores de carga más complejos. A menudo, la potencia de toda tensión por encima del umbral se pierde en forma de calor residual, por lo que puede haber una pérdida considerable si la tensión de entrada es mucho mayor a la tensión de salida. Estos pueden ser tan sencillos como un *shunt* o un relé que redirige la energía a un resistor grande.

Imagen 5.9

Regulador de tensión ajustable (izquierda) que acepta entradas entre 8 y 22 V y una salida ajustable entre 1 y 15 V. Cargador USB (derecha) que acepta una tensión de entrada entre 9 y 32 V y de salida de 5 V. appropedia.org/Zane_Middle_School_solar_station y appropedia.org/Six_Rivers_Charter_School_solar_cellphone_charger

5.3.3. Regulador de carga básico con desconexión por bajo voltaje (LVD)

Un control de carga básico (Imagen 5.10) puede combinar una regulación de tensión con una desconexión por bajo voltaje (LVD, por sus siglas en inglés *low voltage disconnect*). Las LVD desconectan las cargas cuando la tensión de la batería es baja, momento en el que la batería podría dañarse. También tienen una pantalla integrada que muestra las mediciones relevantes del sistema. Todos los reguladores de carga suelen necesitar una batería.

La corriente máxima a menudo está limitada en una desconexión por bajo voltaje. Por lo tanto, los dispositivos de mayor potencia deberían seguir conectados directamente a la batería en lugar de ser controlados mediante la LVD.

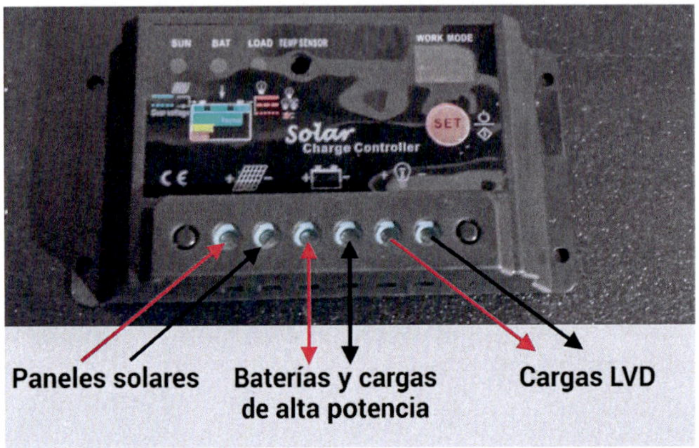

Imagen 5.10
Regulador de carga básico con desconexión por bajo voltaje. Una luz LED simple indica el estado del sistema. appropedia.org/Zane_Middle_School_solar_station

5.3.4. Regulador por modulación de ancho de pulso (PWM)

Un regulador PWM (por sus siglas en inglés *Pulse Width Modulation*) (Imagen 5.11) conecta y desconecta rápidamente los paneles a las baterías para cargar las baterías de manera más eficiente que un regulador de tensión. Mientras que los reguladores PWM son más caros que los reguladores de carga básicos, pierden menos potencia residual que un regulador de carga básico o un regulador de tensión. Estos también llevarán incluidos casi siempre LVD y pantallas integradas.

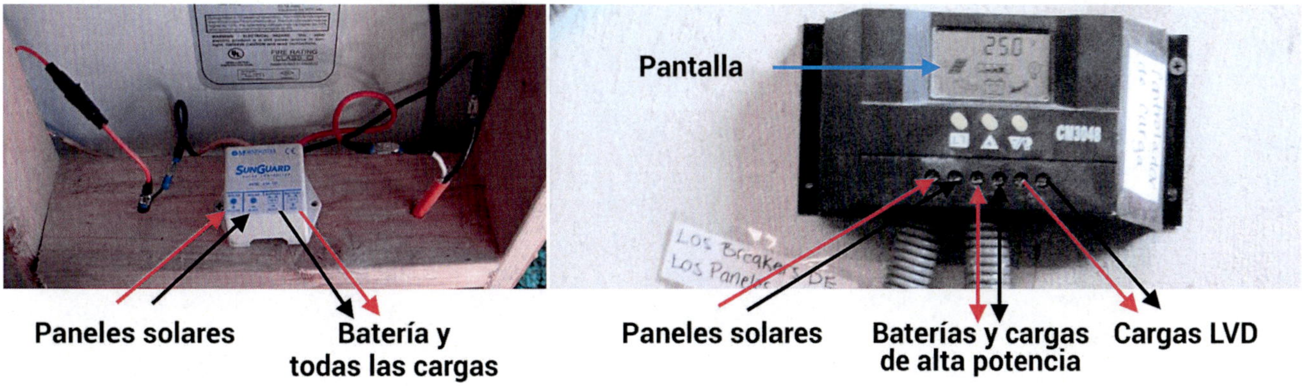

Imagen 5.11
Controlador PWM muy simple (izquierda) sin LVD ni pantalla, toma hasta 30 V y 4,5 A de los paneles y entrega 14,1 V con un protector contra rayos. Un controlador PWM más avanzado (derecha) con LVD y pantalla, toma hasta 100 V y 30 A de los paneles y entrega carga para un sistema de baterías de 48 V con una carga flotante regulable en 55,2 V. appropedia.org/Solar_Charged_Lawnmower y appropedia.org/Practivistas_solar_2015.

5.3.5. Controlador del punto de máxima potencia (MPPT)

Un controlador MPPT (por sus siglas en inglés *Maximum Power Point Tracker*) (Imagen 5.12) utiliza conversores internos para cargar baterías a la tensión requerida mientras sigue recibiendo potencia de los paneles solares más cercanos a su punto de máxima potencia, visto en la Imagen 4.8. Aunque los reguladores MPPT son más caros que los reguladores de carga PWM, son incluso más eficaces que un controlador PWM. Estos también llevarán incluidos casi siempre pantallas integradas.

Una ventaja significativa de un controlador MPPT es que permite que la tensión del panel sea sustancialmente mayor que la tensión de la batería. Es posible que esto sea necesario por los paneles disponibles, y también puede ser ventajoso porque los paneles de mayor tensión permiten usar un diámetro de cable menor (y por lo tanto menos caro) en los paneles.

Otra ventaja es que los reguladores de carga MPPT no necesitan ser de gran tamaño, y de hecho, pueden tener un tamaño menor si la situación así lo requiere. Por ejemplo, un MPPT de 70 A puede conectarse a un conjunto solar de 72 A. Los 2 A extra se perderán, por lo que reducirán la potencia del sistema, pero no se romperá nada, como pasaría con otros reguladores de carga.

Imagen 5.12
Un controlador MPPT (rectángulo vertical negro en la parte superior central) toma hasta 150 V y 80 A de los paneles y emite carga para sistemas de baterías de 12, 24, 36, 48 o 60 V. appropedia.org/CCAT_MEOW

5.3.6. Comparación de reguladores de carga

Los reguladores de carga están disponibles para sistemas de tensión específica, están limitados a una corriente máxima y pueden tener características sofisticadas como modos avanzados de carga de batería. Como es costumbre, habrá que tomar en cuenta las necesidades y el presupuesto para seleccionar la mejor carga y el mejor regulador. Para paneles de alta tensión, como los que vienen construidos para conexión en la red, un MPPT suele ser obligatorio. La tabla 5.1 muestra varios aspectos a considerar y comparar cuando se elige el tipo de regulador de carga.

Tabla 5.1
Comparaciones de reguladores de carga

Tipo de regulador de carga	Costo	Eficiencia	Facilidad de uso/reparación	Facilidad de adaptación de sistemas
Sin regulador	El más bajo	Alta	La más alta	Baja
Regulador de tensión	Bajo	Baja	Alta	Media
Regulador de carga básico con LVD	Medio	Medio-baja	Baja	Media
Regulador PWM	Medio-alto	Alta	Baja	Media
Regulador MPPT	El más alto	La más alta	Baja	Alta

5.3.7. Pantallas

Muchos reguladores de carga vienen con pantallas (Imagen 5.11, derecha). En general, las pantallas muestran la tensión, la corriente y la potencia para monitorear la energía.[119] Además, la pantalla puede añadirse como un componente extra (Imagen 5.13). Las pantallas ayudan a monitorear y conservar la salud del sistema, así como a controlar su efectividad.

119 La mayoría de pantallas solo monitorean la energía aproximada y puede perder eficiencia a medida que la batería envejece.

Imagen 5.13
Pantalla pequeña de CC con tensión, corriente y energía a lo largo del tiempo, instalada en Six Rivers Charter High School. appropedia.org/Six_Rivers_Charter_School_solar_cellphone_charger

5.4. Baterías

Las baterías almacenan la energía generada por los paneles para utilizarla más adelante. Esto puede ser de especial importancia en un sistema fotovoltaico, ya que las cargas a menudo necesitan energía cuando el sol no ha salido o en días con poca luz, y algunas cargas necesitan más potencia que la que generan los paneles. Una batería puede ayudar a almacenar energía para ocasiones en las que el sol no salga o incluso separar la producción del consumo. Por ejemplo, un panel que rinde 100 W durante 5 horas genera 500 Wh. Por lo tanto, una batería fácilmente podría alimentar un dispositivo de 200 W durante un par de horas. Esto significa que un panel pequeño que genera durante más tiempo puede alimentar un dispositivo mayor durante un tiempo corto.

Hoy en día, el almacenamiento es el mayor obstáculo técnico para que la energía renovable penetre en el mercado. La tecnología de las baterías sigue avanzando pero está rezagada frente al progreso de la tecnología fotovoltaica. Como con todos los aspectos del diseño de sistemas fotovoltaicos, existen muchas opciones de baterías que cumplen necesidades específicas. Estos tipos deben elegirse para satisfacer las necesidades energéticas del usuario, el sistema de tensión, la vida del producto, los costos y otros factores.

Algunos términos clave relacionados con baterías en el sistema fotovoltaico son:[120]

- **Capacidad** - cantidad de energía total que puede almacenar la batería. Se indica en amperios por hora (Ah) o vatio-hora (Wh).[121] Las baterías pueden combinarse en serie (para aumentar la tensión) o en paralelo (para aumentar la corriente) y así aumentar el almacenamiento total de energía de un sistema.
- **Tasa C** - Tasa de descarga de la corriente que la batería puede proporcionar. Por ejemplo, una batería de 10 Ah con una tasa C de: 1 C puede descargar con comodidad a 10 A durante 1 hora, 6 C pueden descargar a 60 A durante 10 minutos o 0,5 C pueden descargar cerca de 5 A durante 2 horas.[122] Las baterías pueden colocarse en paralelo para proporcionar más corriente.
- **Tensión nominal** - es la tensión de la batería indicada que se utiliza para emparejar a un sistema.[123] En los sistemas fotovoltaicos, típicamente son de 6 V, 12 V, 24 V o 48 V, pero también puede haber otras configuraciones. Las baterías pueden colocarse en serie para aumentar la tensión del sistema.
- **Tensión de carga** - tensión de las baterías cuando se encuentran a máxima capacidad, es decir al final de su carga completa.
- **Tensión flotante** - tensión a mantener después de que las baterías estén completamente cargadas.
- **Estado de carga (SoC, por sus siglas en inglés** *State of Charge*) - indicador de la carga de la batería en porcentaje de capacidad total.
- **Profundidad de descarga (DoD, por sus siglas en inglés** *Depth of Discharge*) - porcentaje de la capacidad total en que una batería puede descargarse de manera segura.
- **Ciclo de carga** - número de veces en que una batería puede completar un ciclo hasta su DoD antes de morir.

120 Ir a https://www.appropedia.org/Photovoltaic_dictionary para ver más términos.

121 Recuerda que Amps * Voltio = Vatios, por lo que Amp-horas * Voltio = Vatio-hours.

122 Cuanto más rápido se descargue una batería, menor será su capacidad total disponible, por lo que se ven baterías con distintas tasas C y capacidades distintas. https://www.appropedia.org/What_is_a_c-rate_for_batteries

123 Estas tensiones son promedios y en una batería completamente cargada será mayor (por ej., una baterías de plomo-ácido de 12 V puede estar completamente cargada con 14,2 V).

- **Eficiencia** - como con cualquier transferencia de energía, las baterías sufren pérdida de eficiencia al almacenar y liberar su energía. La eficiencia varía entre tipos de baterías y el estado de carga.

Las baterías están disponibles en muchos tipos, según sus composiciones químicas, tensiones, capacidades, DoD, tasa C y ciclos de carga. A medida que la tecnología sigue evolucionando, las tecnologías más relevantes para sistemas fotovoltaicos de pequeña escala son no tener batería, tener una variante de batería plomo-ácido o una batería de ion-litio. Se están realizando investigaciones muy interesantes sobre almacenamiento, con supercondensadores, baterías de agua salada, baterías de litio-sulfuro, almacenamiento (mecánico) con bloques de cemento, acumulación por bombeo hidráulico, almacenamiento de hidrógeno y baterías en estado sólido.

Tabla 5.2

Tabla de baterías comunes para sistemas fotovoltaicos y algunas de sus propiedades importantes[124]

Tipo de batería			Precio	Vida útil	Profundidad de descarga	Eficiencia de ida y vuelta	Densidad de energía	Velocidad de carga	Autodescarga	Velocidad de descarga
Ácido-plomo	Húmeda	Coche	Bajo	Baja	Muy baja	Media	Baja	Alta	Alta	Alta
Ácido-plomo	Húmeda	Ciclo profundo	Medio	Alta	Media	Media	Baja	Media	Alta	Media
Ácido-plomo	Sellada	Malla de fibra de vidrio absorbente (AGM)	Alto	Media Baja	Media	Media	Baja	Baja	Baja	Alta
Ácido-plomo	Sellada	GEL	Alto	Media	Media	Media	Baja	Baja	Baja	Alta
Ion-litio			Alto	Media Alta	Alta	Alta	Muy alta	Alta	Baja	Alta
Litio-ferrofosfato			Bajo	Alta	Muy alta	Alta	Alta	Alta	Baja	Alta

	Vida útil	Profundidad de descarga	Eficiencia de ida y vuelta	Densidad de energía	Velocidad de carga	Autodescarga	Velocidad de descarga
Bajo es	de 200 a 900 ciclos	<20 %	65 % - 75 %	30-70 Wh/kg	≤0,25 C	<3 % / mes	≤0,25 C
Medio es:	de 900 a 1300 ciclos	50 % - 80 %	42 % - 85 %	70-100 Wh/kg	0,25 V-3 C	3 % - 6 %/ mes	0,25 V-3 C
Alta es:	de 1300 a 2500 ciclos	80 % - 100 %	85 % - 97 %	100-200 Wh/kg	≥3 C	>6 % / mes	≥3 C

124 https://www.appropedia.org/Table_of_battery_comparison

5.4.1. Sin batería

En los casos en los que se necesita energía de los paneles solares solo cuando es de día, es posible que no se necesiten baterías. Algunos ejemplos de sistemas sin baterías son ventiladores de invernaderos, bombas de agua (Imagen 5.14) y algunos cargadores solares (Imagen 5.15).

Imagen 5.14
Estudiantes del curso Engineering 371 de la universidad Cal Poly Humboldt utilizan dos paneles solares pequeños en paralelo para bombear agua. La comparación del flujo y de la altura del agua con la corriente y la tensión de los paneles permite medir la eficiencia del sistema.

Imagen 5.15

Quiosco de recarga solar en Six Rivers Charter High School. Los teléfonos celulares solo pueden cargarse cuando sale el sol. appropedia.org/Six_Rivers_Charter_School_solar_cellphone_charger

5.4.2. Baterías de plomo-ácido

Las baterías de plomo-ácido son una tecnología madura, desarrollada hace más de 100 años y con una eficiencia razonablemente alta.[125] Los vehículos convencionales suelen incluir una batería de arranque de plomo-acido de 12 V. Desafortunadamente, aunque haya una gran disponibilidad de las baterías de arranque de coche, no suelen estar bien diseñadas para un sistema fotovoltaico. Las baterías de coche (en oposición al banco de baterías de un vehículo eléctrico) tienen una DoD muy baja, lo que significa que no están pensadas para descargarse durante mucho tiempo. El tipo de uso más habitual de las baterías de coche hace que se descarguen solo por algunos segundos a una corriente muy alta al encender el coche, y luego se cargan y mantienen esa carga mientras el vehículo circula. Por el contrario, en la mayoría de casos en que se utiliza la energía renovable hay largos períodos de descarga. Por lo tanto, la mayoría de sistemas fotovoltaicos optan por baterías con una mayor DoD como la batería de un carrito de golf o incluso una DoD mayor, como el ciclo profundo de una batería de plomo-ácido. Puede ser tentador utilizar una batería cara de coche, pero en la mayoría de sistemas fotovoltaicos, se estropearán enseguida.

125 https://www.sciencedirect.com/science/article/pii/S2352152X17304437 85% para el plomo-ácido.

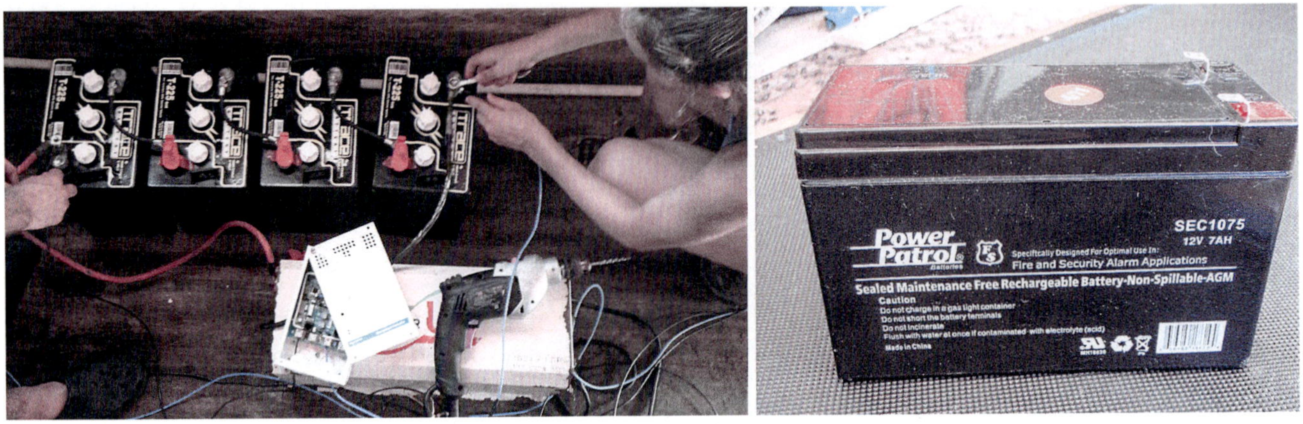

Imagen 5.16
Batería de ciclo profundo húmeda de plomo-ácido (izquierda) y batería sellada, sin mantenimiento, de plomo-ácido con malla de fibra de vidrio absorbente (AGM) (derecha). appropedia.org/Baterías

5.4.3. Baterías de litio

Las baterías de litio son una tecnología avanzada, con una alta eficiencia.[126] Los dos tipos más comunes son las de ion-litio y las de litio-ferrofosfato.

Las baterías de ion-litio son más ligeras, fáciles de transportar y de reciclar, y tienen una DoD más profunda, menos pérdida durante el almacenamiento y más ciclos de vida que una baterías de plomo-ácido. Por estas propiedades, ahora son muy comunes, por ejemplo se encuentran en las herramientas eléctricas y en los portátiles. También son más caras que las baterías de plomo-ácido.

Las baterías de litio-ferrofosfato ($LiFePO_4$) son un poco más pesadas que las de ion-litio, pero lo contrarrestan con una tasa mayor de carga y descarga, una vida útil más larga y que se ven menos afectadas por las temperaturas. Además, las de $LiFePO_4$ son más seguras que las baterías de ion-litio en cuanto a los recalentamientos y en el momento de tirarlas. Las baterías de $LiFePO_4$ a menudo son mucho menos caras que las de ion-litio.

En general, si el peso no importa, las de $LiFePO_4$ son un mejor elección.

126 https://doi.org/10.1016/j.jpowsour.2019.227011 85-97% para el ion-litio

5.4.4. Peligros

Las baterías son el componente más peligroso del sistema fotovoltaico. Los peligros más críticos provienen de las elevadas corrientes de cortocircuito, derrames químicos y emisión de gases. Los cortocircuitos ocurren cuando se conectan accidentalmente dos terminales de una batería, por ej. al dejar caer una herramienta metálica sobre ambas, o al intercambiar los cables positivo y negativo. Un cortocircuito libera la energía almacenada en la batería a una velocidad increíblemente rápida, lo que provoca quemaduras o incendios. Las baterías de plomo-ácido contienen ácidos que en las baterías de tipo húmedo pueden derramarse si esta se inclina, recalienta o sobrecarga. Las baterías de plomo-ácido también emiten hidrógeno, que es corrosivo y explosivo. Las baterías de plomo-ácido húmedas y con ciclo profundo emiten gas la mayoría de las veces y requieren de una ventilación significativa. Las baterías de plomo-ácido selladas, AGM y Gel, solo emiten un poquito de gas, y solo cuando se sobrecargan, por lo que es necesario instalarlas en un compartimento que no se selle (con el flujo de aire de una estancia humana normal ya es suficiente).

Mantener baja la tensión del sistema reduce el riesgo de descarga o electrocución. Por ejemplo, un sistema de 12 o 24 V DC puede tocarse (a no ser que esté muy húmedo, toque el suelo y te hayas cortado la piel al insertar los cables), y los sistemas de menos de 50 V DC a menudo no requieren de conexión a tierra. Dicho esto, siempre es mejor prevenir el contacto incluso en estos sistema de baja tensión en los que se centra este libro. Asimismo, asegúrate de comprobar la normativa local sobre directrices de tensión.

Los reguladores de carga protegen las baterías de la sobrecarga. Los fusibles y disyuntores ayudan a prevenir cortocircuitos y sobrecorrientes. Las cubiertas de los terminales de la batería ayudan a prevenir cortocircuitos accidentales entre terminales. Una caja para la batería (Imagen 5.17) ayuda a prevenir accidentes directamente relacionados con el contacto con la batería. Al construir una caja para una batería de plomo-ácido, recuerda que emanan gas y necesitan que el aire circule.

Imagen 5.17
Caja de batería casera con ventilación y conducto.
appropedia.org/CCAT_greenshed_solar_lighting

5.5. Cargas de CC

Las cargas de CC son cualquier dispositivo de corriente continua (o componente o electrodoméstico) que consume electricidad del sistema. Las cargas de CC habituales son cualquier aparato que se conecta a un enchufe de encendedor de vehículo, una salida de USB y cualquier dispositivo alimentado por batería. Ahora bien, la mayoría de los dispositivos alimentados con baterías vienen con un pequeño cargador (ver Imagen 5.18) que convierte la corriente CA en CC. Muchos dispositivos de CC tienen 12 V (es fácil planificar con ellos), pero muchos con cargadores de pared vienen con una gran variedad de tensiones de CC (3 V, 5 V, 6 V, 9 V, 12 V, 18 V, etc.) y el cargador de pared se encarga de la conversión, haciéndolo a menudo más fácil de usar como cargas CA.

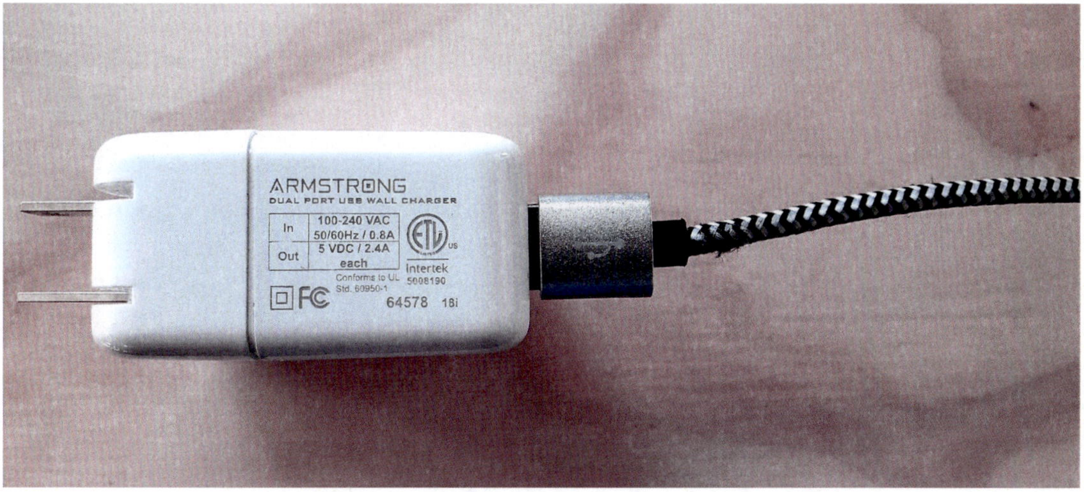

Imagen 5.18

Enchufe de pared que recibe corriente CA con un rango variagle entre 100 y 240 V a 0,8 A y tiene salidas de 5 V de CC a 2,4 A cada una

Hay muchos electrodomésticos disponibles para conectarse directamente en CC, especialmente aquellos diseñados para sistemas renovables no conectados a la red, vehículos recreativos y, más recientemente, casas pequeñas o *tiny homes*. Casi todo lo que se enchufa en un encendedor de cigarrillos de coche necesita 12 V DC, y casi todo lo que se enchufa en un USB tiene 5 V DC.

Lo positivo de diseñar un sistema de DC para todo tipo de carga es que no hay que comprar un inversor y que no se pierde eficiencia al invertir a CA. Ahora bien, puede ser caro (en energía y dinero) tener que cambiar entre una variedad de distintos voltajes CC. A veces se puede diseñar un sistema pequeño que tiene todo 12 V DC o 12 V DC y 5V DC, en cuyo caso nos podríamos ahorrar un inversor.

Los beneficios de diseñar un sistema CA es que es más fácil alimentar una carga típica, y la tensión más alta CA (por ej. 120 V AC) puede usar un cable más fino y por lo tanto menos caro para transmitir distancias más largas (por ej. cruzar un jardín o una casa) que una tensión CC menor (por ej. 12 V DC).

5.6. Inversores

Los inversores convierten la corriente continua (CC) proporcionada por los paneles solares en corriente alterna (CA) que es la que utilizan la mayoría de dispositivos del hogar. Irónicamente, muchos dispositivos en el hogar usan CC (computadoras y cargadores), pero es más fácil transformar el nivel de tensión, así como transportar por largas distancias en CA.

Como con los otros aspectos del diseño fotovoltaico, existen muchas opciones de inversores para cubrir necesidades específicas. Hay que elegir estos tipos para cumplir con las necesidades energéticas del usuario, el sistema de tensión, la vida útil, costo y otros factores.

Los inversores deben elegirse según el sistema de tensión y frecuencia de entrada y salida, así como con las necesidades máximas de corriente. Además, los inversores vienen en una variedad de formas de onda. La terminología relacionada con los inversores es:

- **Tensión de entrada** – la tensión nominal del sistema fotovoltaico. En un sistema de baterías, simplemente tiene que coincidir este valor con la tensión nominal de la batería. En un sistema sin baterías, es posible que se necesite un regulador de tensión para que coincida con la tensión de entrada o seleccionar un inversor con un rango que coincida con el de los paneles. La tensión de entrada típica es de 12 V, 24 V, 48 V y más de 100 V en la red de distribución de energía eléctrica.
- **Tensión de salida** - la tensión que utilizará del sistema. Habitualmente la tensión de salida depende de la región en la que te encuentres, por ej. 120 V en Norteamérica o 230 V en la mayoría de África, Asia y Europa.
- **Frecuencia** – frecuencia de la tensión de salida en CA del sistema. La frecuencia depende de la región en la que te encuentres, por ej. 60 Hz en la mayoría de las Américas o 50 Hz en la mayoría de África, Asia y Europa.
- **Potencia pico** - potencia máxima que se puede generar durante un corto período de tiempo (como los segundos que le lleva arrancar a un compresor de refrigerador).

- **Potencia continua** - potencia máxima que se puede generar durante un período de tiempo sostenido.
- **Forma de onda** - forma de la onda de CA generada por el inversor. Se mide la distorsión armónica (THD, por sus siglas en inglés *Total Harmonic Distortion*), en tanto que distancia entre la forma de onda y una sinusoide perfecta en una escala del 0 al 100 %. Un inversor de onda sinusoidal pura puede tener una distorsión armónica baja, de cerca del 3 %.
- **Eficiencia** - la pérdida de energía asociada a la conversión de CC a CA. Es común la eficiencia de más de 90 (es decir >90 %). Es importante indicar que la eficiencia varía con la carga, y el promedio de la eficiencia puede ser mucho menor que la eficiencia máxima para un uso específico.
- **Carga** - algunos inversores también incluyen funciones avanzadas para cargar la batería.
- **Alarma** - la tensión baja y/o alta en la que el inversor hará saltar la alarma.
- **Interrupción** - la tensión baja y/o alta en la que el inversor dejará de funcionar.
- **Consumo de corriente sin carga** - consumo de corriente cuando el inversor está conectado, pero que no alimenta nada. Esto puede implicar un consumo de entre 1 y 15 W (en *standby*) solo para mantener el inversor conectado pero sin carga.
- **Fases** - Los inversores suelen ser monofásicos, es decir, de la misma forma en que vienen la mayoría de los enchufes de una casa conectada a una red típica. Los inversores grandes, que no se tratan en este libro, pueden ser trifásicos.
- **Inversor de red** - inversores diseñados para alimentar la red.
- **Fusibles, interruptores** – inversores que contienen tecnología para cortar la circulación, como fusibles o interruptores.

Los inversores se encuentran disponibles en distintos tipos de tecnología, tensiones, potencias, formas de onda, etc. Los tipos de inversores más comunes para lo que abarca este libro son sin inversor, de onda modificada, de onda sinusoidal pura y vinculados a la red.

5.6.1. Sin inversor

Los sistemas se pueden diseñar para ser en su totalidad CC y por lo tanto, evitar costos y pérdida de eficiencia por el inversor. Ten en cuenta que los inversores ofrecen ventajas en cuanto a adaptabilidad y accesibilidad. Al decidir mantener un sistema CC, hay que tener cuidado en utilizar solamente dispositivos CC que correspondan con la tensión del sistema. Alternativamente, se pueden utilizar convertidores CC-CC para adaptarse a distintas tensiones como 5 V para USB y 12 V para dispositivos que se conectan al enchufe del encendedor del auto.

5.6.2. Inversor de onda sinusoidal modificada

Un método bastante barato de invertir la corriente es crear y suavizar una onda cuadrada, referida como onda sinusoidal modificadad (Imagen 5.19). Distintos tipos de dispositivos tienen distintas sensibilidades a las formas de onda. La mayoría de los dispositivos del hogar funcionarán con un inversor de onda sinusoidal modificada, pero pueden tener algo más de pérdida de eficiencia, como con las bombas, cargadores y ventiladores. Algunos dispositivos, como las luces fluorescentes, pueden crear un ligero zumbido, y los dispositivos que contienen un temporizador interno basado en frecuencia eléctrica, como temporizadores y relojes, podrían no funcionar bien.

Además, los inversores de onda cuadrada, en oposición a inversores de onda cuadrada suavizada, siguen existiendo pero son difíciles de encontrar, a no ser que los haga uno por su cuenta. Los inversores de onda cuadrada son bastantes baratos pero tienen pérdidas de eficiencia significativas y son incompatibles con muchos dispositivos.

5.6.3. Inversor de onda sinusoidal pura

Un método más caro para invertir la corriente es crear una onda sinusoidal, denominado inversor de onda sinusoidal pura. Una onda sinusoidal pura es lo que viene de la red eléctrica, por lo que la compatibilidad y la eficiencia son mayores con un inversor de onda sinusoidal pura.

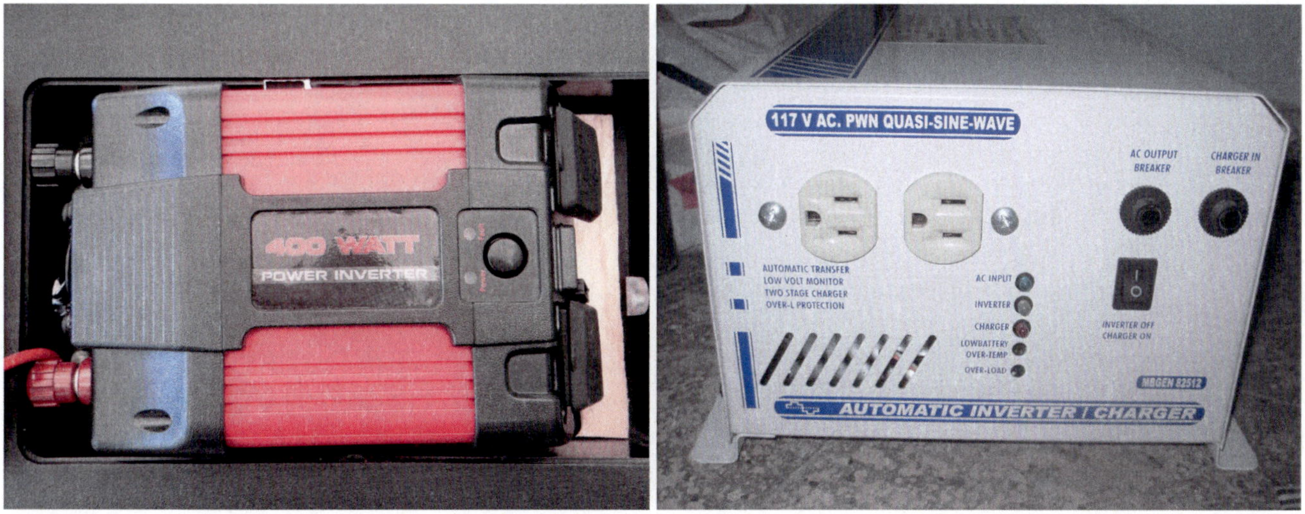

Imagen 5.19

Inversor pequeño de coche de onda sinusoidal modificada 400 W (izquierda) e inversor de onda sinusoidal modificada de 1,2 kW con capacidad de carga de baterías (derecha). appropedia.org/Treadmill-a-volt_treadmill_powered_charging y Appropedia.org/La_Yuca_renewable_energy_2014

5.6.4. Inversores conectados a la red

Los inversores de red están pensados para conetarse al suministro de la red eléctrica. Suelen ser dispositivos domésticos, que pueden alimentar la casa o devolver la electricidad a la red. La forma de onda es una onda sinusoidal, y la frecuencia y tensión están diseñadas para que sean iguales al punto de suministro. Los dispositivos conectados a la red suelen ser inversores en cadena que se conectan a una cadena de paneles solares y microinversores conectados a cada panel. Los microinversores tienen la ventaja de ser más adaptables y es más fácil ampliarlos en el futuro.

Algunos inversores también incluyen funciones avanzadas para cargar la batería. En los que están conectados a la red, si la red falla, es posible que todavía haya respaldo de la batería. Asimismo, esta ventaja puede unirse la facturación de uso según la hora del día para reducir la factura de la electricidad.

5.7. Cargas de CA

Las cargas de CA habituales son cualquier aparato que se conecte a un enchufe de pared o a un circuito en el hogar. En un sistema fotovoltaico, las cargas CA son cualquier dispositivo CA (o componente o electrodoméstico) que se alimenta del sistema a través del inversor. Distintos países tienen distintos estándares, pero típicamente suelen ser entre 100 y 240 V. Por ejemplo, en Estados Unidos y en México, el estándar es 120 V AC, mientras que en la India y en el Reino Unido el estándar es de 230 V AC. Además, la red CA también se define según los Hz, casi siempre 50 o bien 60 Hz. El hercio (Hz) es simplemente la frecuencia en que la tensión de la red alterna (la A del CA). Muchos dispositivos pueden funcionar con ambos, y es mejor adaptarse a lo que haya en cada país.

Es importante recordar que algunas cargas grandes de CC, como motores o compresores, pueden tener una sobrecarga súbita al encenderse. Ver las ventajas de los sistemas de corriente CC y CA en el Apartado 5.5.

5.8. Cables y enchufes

Los cables y enchufes conectan todos los componentes del sistema fotovoltaico en un circuito complejo, es decir transmiten la corriente a cada uno de los componentes. Muchos de los cables y enchufes sonarán conocidos a la mayoría de los lectores y vienen en distintos materiales, estilos, así como tensión y corriente máximas.

Cuanto mayor sea la corriente máxima, más grandes y robustos serán los cables y los enchufes que se necesiten. También deberías prestar mucha atención en utilizar enchufes diseñados para la corriente y la tensión correctas, para que un usuario no conecte un dispositivo incompatible, provocando un posible daño físico material o humano.

Los cables vienen en distintos diámetros clasificados en calibres (Apartado 7.6 Calcular tallas de cables y enchufes). Cuanta más corriente tengan que transportar y cuanto mayor sea el recorrido, más ancho deberá ser el diámetro (y menor será el calibre). Los cables relevantes para los sistemas fotovoltaicos también vienen en formato macizo, retorcido y trenzado, y cada uno tiene sus ventajas y desventajas. La terminología más frecuente referente a los cables de los sistemas fotovoltaicos son:

- **Cable macizo** - normalmente son menos caros, más fuertes (en condiciones rígidas) y más resistentes a la corrosión medioambiental. También son más convenientes para la microelectrónica, ya que mantienen la forma al ser manipulados.
- **Cable trenzado** - serie de cables retorcidos, que suelen ser ligeramente más caros, flexibles y conductores.
- **Material del cable** - metal del que está hecho el conductor. Los dos más comunes son el aluminio y el cobre. El aluminio es menos caro, menos conductor y suele romperse más al doblarlo. El cobre es más caro, más conductor y más flexible.
- **Aislamiento** - material que recubre el conductor y evita el contacto accidental, la degradación por radiación UV, el calor y la humedad.
- **Color** - codificación para indicar el uso del cable.

En sistemas de alta tensión o de mucho consumo de corriente, debería seguirse la normativa más actualizada y relevante (por ej. el NEC en EE.UU, México, Costa Rica, Venezuela y Colombia). Típicamente, los sistema de menos de 50 V no necesitan tener toma de tierra,[127, 128] y los sistemas de menos de 30 V tienen incluso menos restricciones.[129]

127 2017 NFPA 70 NEC *https://www.nfpa.org/codes-and-standards/all-codes-and-standards/list-of-codes-and-standards/detail?code=70* 250.20 (A) lista de condiciones de conexión a tierra para sistemas de menos de 50 V (la mayoría referentes a transformadores). 250.20 (B) lista de condiciones de conexión a tierra de 50 V a 1000 V (más estrictas que para <50)

128 *https://www.ecmag.com/section/codes-standards/know-rules* Explica las reglas 2017 NEC para conectar a tierra sistemas de baja tensión

129 *https://www.ecmweb.com/code-basics/solar-photovoltaic-systems-part-2*

También deberían seguirse las convenciones referentes a los tipos de enchufes para que nadie intente enchufar el dispositivo equivocado. Por ejemplo, no utilices una ficha de tres patas en un tomacorriente para un enchufe CC.

5.8.1. Aislamiento

Los cables que transportan mayor corriente deben ser más grandes, y los cables que transporten alta tensión deben tener un aislamiento mayor. Además, deben tenerse en cuenta las condiciones medioambientales y el uso que se le vaya a dar. Los países tienen distintos tipos de codificación de cables. Por ejemplo, en EE. UU., THWN significa Thermoplastic Heat and Water-resistant Nylon-coated (termoplástico, resistente al calor y al agua, recubierto de nylon). Para mayor protección, pueden utilizarse cañerías para albergar el cable.

Los cables que estarán en un tejado deberían aislarse para evitar su exposición a la humedad, los rayos UV y el calor. Muchos paneles vienen con cables PV o USE-2, que son suficientes para las instalaciones en los tejados.[130, 131]

5.8.2. Color

El color indica el uso del cable. Es importante seguir las normativas locales para mejorar la facilidad de mantenimiento y reparación y para disminuir el riesgo de accidentes. Además del color, las etiquetas añaden claridad, seguridad y longevidad al sistema.

130 "El artículo 690 Parte IV, Métodos de cableado, del NEC de 2017, permite el uso de varios métodos de cableado en los sistemas fotovoltaicos. Para conductores individuales, los cables que UL ha catalogado como USE-2 (Underground Service Entrance) y PV (fotovoltaicos) están permitidos en ubicaciones en el exterior expuestas en circuitos de fuente FV en el circuito fotovoltaico. Los cables PV también pueden instalarse en bandejas para circuitos de fuente FV en el exterior y en circuitos FV de salida sin necesidad de que estén catalogados para su uso en bandejas. Hay restricciones si la fuente FV y los circuitos de salida están operando a más de 30 voltios en lugares accesibles. En estos casos, se necesitan conductores de tipo MC o adecuados instalados en conductos eléctricos» https://www.anixter.com/en_us/resources/literature/wire-wisdom/pv-wire.html

131 «El recubrimiento aislante del cable puede protegerlo del calor, la humedad, la luz ultravioleta y los productos químicos.
- THHN suele usarse en lugares secos y en interiores.
- THW, THWN y TW pueden usarse en interiores o en aplicaciones en el exterior húmedas, en conductos.
- UF y USE son buenos con humedad y en aplicaciones soterradas.
- Los cables PV USE-2 y RHW-2 pueden usarse en condiciones húmedas en las que el recubrimiento aislante es resistente a los rayos UV y a la humedad. Deben ser resistentes a la luz solar.» https://www.civicsolar.com/support/installer/articles/solar-wire-types-solar-pv-installations

Los códigos de colores CC para sistemas de pequeña escala son: verde o sin color para equipo de tierra, negro para conductor negativo o de tierra y rojo para positivo (o un color distinto si es necesario). Los códigos de colores CA varían mucho según el país. Por ejemplo, en EE. UU., para cables de corriente (o de carga) se utilizan el rojo o negro (o azul para una tercera fase que no cubrimos en este libro), para cables neutrales (el camino de vuelta a la fuente de corriente) se utiliza el blanco y para la toma de tierra no se usa ningún color o el verde.

Debe tenerse cuidado en conectar o soldar los cables y enchufes correctamente, con cuidado. Las cajas de conexiones y alojamientos también aumentarán la seguridad. Un truco viejo para aumentar la impermeabilización es permitir que el cable o conducto se doble hacia abajo y de vuelta hacia arriba para que el agua caiga ahí donde se dobla en lugar de que siga hacia el interior de la vivienda.

Imagen 5.20

Tres paneles monocristalinos flexibles de 160 W con conectores MC4 y una rama MC4. Tressie Word, construyendo a Dusty

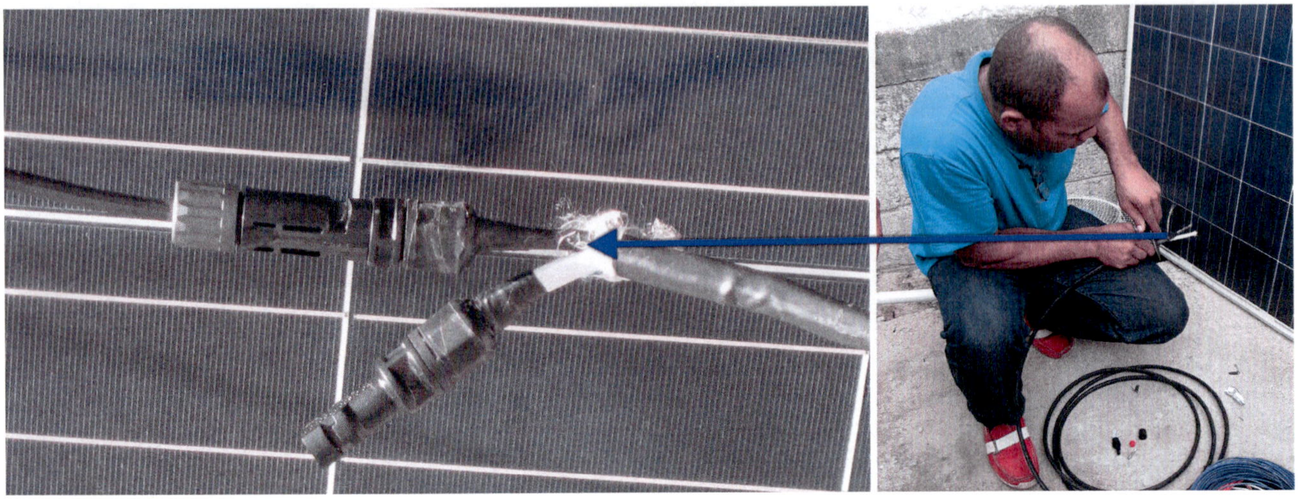

Imagen 5.21
Conectores MC4 de paneles solares (izquierda) y cables a los que se les está quitando el recubrimiento (derecha). appropedia.org/Practivistas_solar_2015

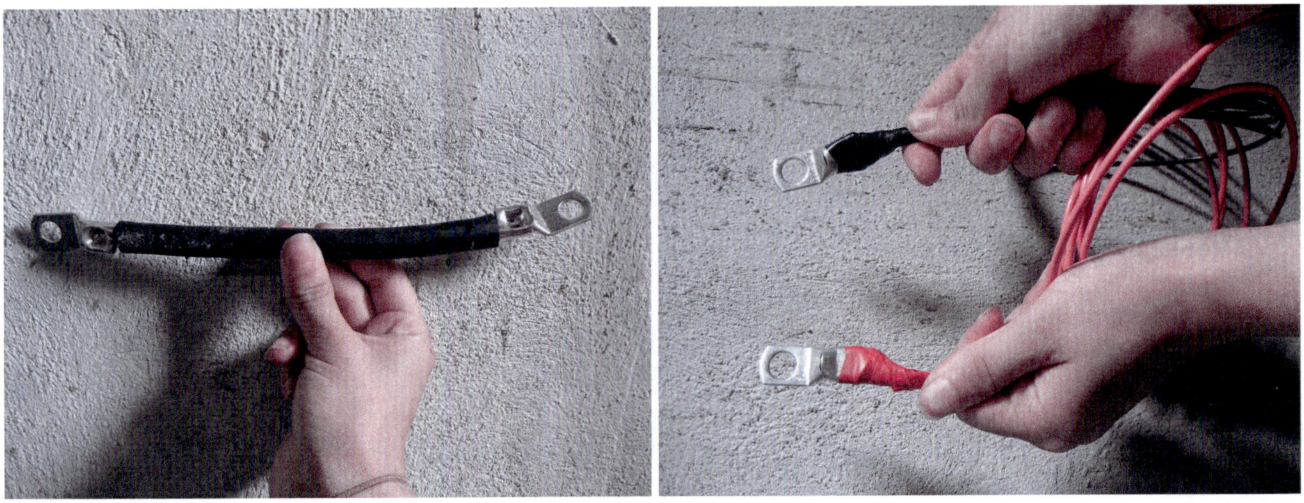

Imagen 5.22
Cable de gran diámetro (puente) con terminales para conectar las baterías (izquierda) y conexión de las baterías al resto del sistema (derecha) appropedia.org/Practivistas_solar_2015

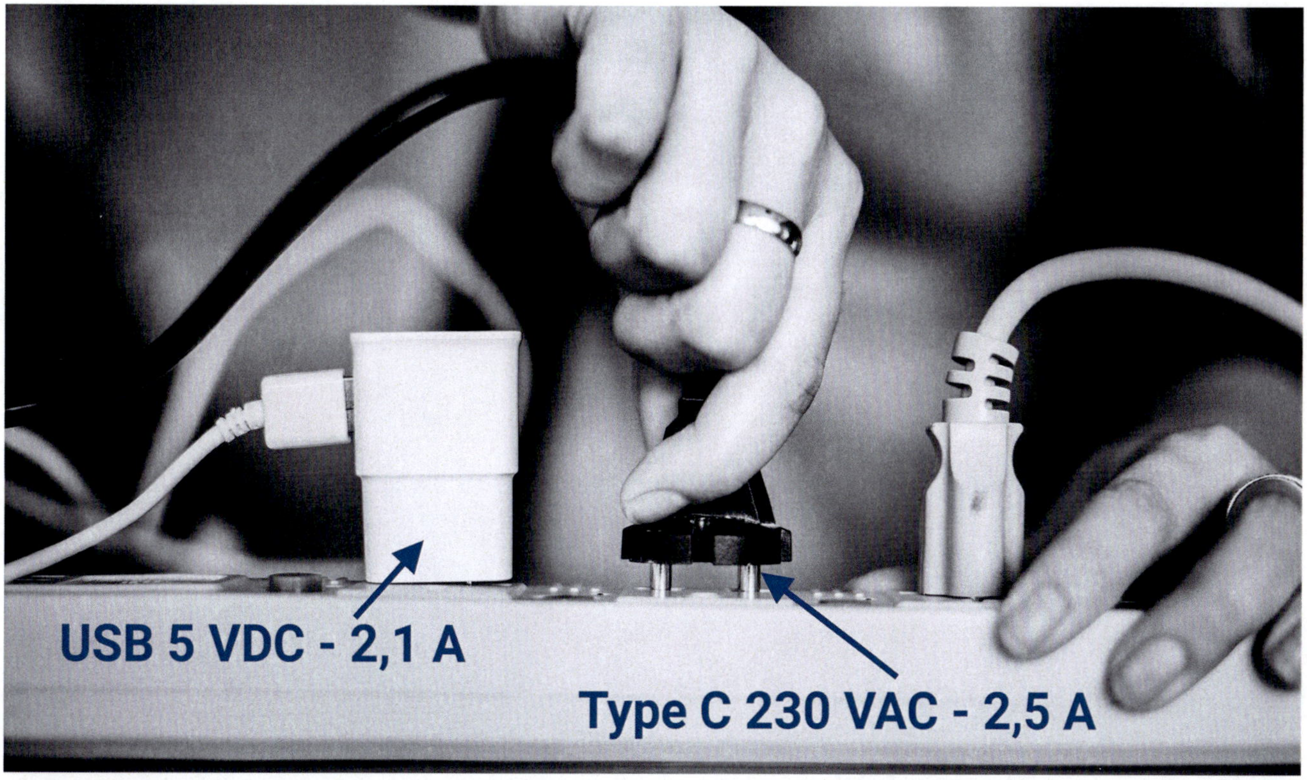

Imagen 5.23
USB 5 V DC - Enchufe 2.1 A max, común en todo el mundo (izquierda) y un tipo C 230 V AC - 2,5 A max, común en Asia, Europa y Sudamérica (derecha)

5.9. Otros dispositivos de seguridad

La seguridad es crítica en todos los diseños, especialmente en aquellos con electricidad. Cuanto mayor es el sistema, mayor es la tensión, más baterías se necesitan, menos conocimientos tienen los usuarios y más público es el acceso. Todo son buenos motivos para aumentar la seguridad.

Otros dispositivos de seguridad incluyen medidores, señalización, alarmas, tomas de puesta a tierra físicas, conductos, cajas de conexiones y pararrayos. Sugerimos que los tengas en consideración cuando diseñes tu sistema.

5.10. Anclaje

Los anclajes (o sujeción) son los componentes mecánicos que sujetan los paneles fotovoltaicos en su lugar.

Aquí veremos lo básico para el anclaje de los sistemas fotovoltaicos con dos métodos que todo el mundo puede utilizar para fabricar de una manera simple y barata anclajes para sistemas fotovoltaicos en el suelo (o en el tejado) y un sistema fotovoltaico integrado al edificio, para sus propios tejados.

5.10.1. Aspectos básicos del anclaje

En un pasado no muy lejano, el anclaje casi no tenía ningún impacto en el costo del sistema fotovoltaico. Sin embargo, a medida que el costo de los módulos fotovoltaicos ($/W) se ha desplomado, el impacto económico de otros componentes del sistema han aumentado en importancia. De hecho, hoy en día el anclaje puede dominar el gasto de un sistema fotovoltaico.[132] Debido en gran parte a que no se le ha prestado atención y a la relativa poca importancia de los costos de los anclajes de sistemas fotovoltaicos, se han marginalizado históricamente y no ha habido muchos avances en la reducción de materiales y costos asociados con los anclajes fotovoltaicos. Esto presenta una enorme oportunidad porque la mayoría de comunidades tienen tanto las habilidades como los materiales para fabricar un anclaje básico, que podría reducir radicalmente el costo de un sistema fotovoltaico pequeño.

5.10.2. Ángulo de instalación

Si solo estás instalando los módulos para una temporada, puedes utilizar esta simple regla: Añade 15 grados a tu latitud en invierno, o resta 15 grados en verano. Por ejemplo, si tu latitud es 45 grados, durante el invierno querrás inclinar los paneles: 45 + 15 = 60 grados. En verano sería: 45 - 15 = 30 grados. No es necesario cambiar el ángulo de inclinación a lo largo del año, pero puedes obtener un ángulo de inclinación óptimo utilizando un programa de simulación como el System Advisor Model (SAM).[133] SAM puede ayudarte a optimizar económicamente proyectos grandes pero puede ser una exageración para proyectos pequeños.

5.10.3. Tipos de anclaje caseros

Puedes hacer tú mismo tu propio sistema de anclaje, o puedes comprar uno ya hecho. Si sigues la segunda opción, pagarás por él; hoy en día, más que el módulo de un sistema pequeño. Si lo haces tú mismo, ahorrarás bastante dinero, pero depende de qué opción de anclaje casero elijas. A continuación hay varias opciones de anclajes caseros de menos a más sofisticadas:

- Para el sistema más simple, en particular si es temporal, puedes simplemente colocar los módulos apoyados contra algo como un tronco, pallets (como se muestra en la Imagen 5.24), el lado de un edificio o una gran roca, etc.

132 Barbose, G., 2014. *Tracking the Sun VI: An Historical Summary of the Installed Price of Photovoltaics in the United States from 1998 to 2012.* L. B. N. Laboratory.

133 https://sam.nrel.gov/opensource y https://sam.nrel.gov/download

- Un sistema un poco más sofisticado portátil es hacerlo con tuberías de PVC y sujetar el módulo a ellas con bridas.[134] La clave es apuntar el panel fotovoltaico hacia el Sol.
- En el siguiente paso en sofisticación en anclajes caseros, se puede hacer un sistema para colocar un único panel con listones de madera o como los restos de un pallet[135] (ver Imagen 5.24).[136] Muchas personas tienen anclajes de madera[137] que funcionan bien, aunque puede que no duren tanto como los de metal que se venden en kits caseros para ser ensamblados.[138] Los sistemas de anclaje de madera pueden ser sofisticados, como el sistema de anclaje ajustable que se muestra en la Imagen 5.26.[139]
- El siguiente nivel de sofisticación utiliza algo de madera y algo de metal, como con el sistema Unistrut[140] o con perfiles metálicos simples.[141] También se puede crear un sistema fotovoltaico flotante barato con epoxi recubierta de resinas marinas y gomaespuma (ver Imagen 5.25).[142]
- Otro nivel de sofisticación utiliza partes impresas en 3D que se comentarán en el siguiente apartado.
- Para más información sobre sistemas de anclaje fotovoltaico ver: *https://www.appropedia.org/Open_source_DIY_PV_racking*

134 https://gnomadhome.com/pvc-solar-mount/

135 https://waldenlabs.com/diy-off-grid-solar-system/

136 https://www.youtube.com/watch?v=TQQGVN9JKdQ

137 https://www.builditsolar.com/Projects/PV/EnphasePV/Mounts.htm

138 https://www.doityourselfsolarracking.com/

139 https://www.instructables.com/id/Tiltable-Solar-Panel-Mount/

140 http://www.tincancabin.com/2013/08/more-solar/#more-1797

141 http://www.ottawavalleypv.ca/low_cost_ground_mounts.html

142 Mayville, P., Patil, N.V. and Pearce, J.M., 2020. Distributed manufacturing of after market flexible floating photovoltaic modules. *Sustainable Energy Technologies and Assessments, 42*, p.100830. https://www.researchgate.net/publication/346541241_Distributed_manufacturing_of_after_market_flexible_floating_photovoltaic_modules

Imagen 5.24
Captura de imagen de un vídeo DIY para el anclaje de paneles solares en pallets por David Poz

Imagen 5.25
Módulos fotovoltaicos flexibles convertidos en una planta solar flotante.

Imagen 5.26
Montaje ajustable de madera para panel solar. CC-BY-NC-SA por el usuario Born_to_build.

5.10.4. Anclaje impreso en 3D

La evolución tecnológica de las impresoras 3D, el mayor acceso a Internet y el abaratamiento de los ordenadores han brindado nuevos medios para el diseño abierto capaz de acelerar el desarrollo sostenible autodirigido.[143] Una impresora 3D es una máquina que construye objetos en 3D capa a capa. Las impresoras 3D son muy interesantes ya que permiten el uso de diseños del dominio público para fabricar utilizando tecnología abierta apropiada (*Open Source Appropriate Technology*, u OSAT),[144] que resulta más fácil y económica, con recursos disponibles en las comunidades locales para cubrir sus necesidades. El proyecto[145] RepRap (self-Replication Rapid Prototyper) consiguió reducir los precios a unos cientos de dólares.[146] También ha habido varios tipos

143 J. M Pearce, C. Morris Blair, K. J. Laciak, R. Andrews, A. Nosrat y I. Zelenika-Zovko, "3-D Printing of Open Source Appropriate Technologies for Self-Directed Sustainable Development", *Journal of Sustainable Development* 3(4), pp. 17-29 (2010). *https://doi.org/10.5539/jsd.v3n4p17*

144 Joshua M. Pearce, "The Case for Open Source Appropriate Technology", *Environment, Development and Sustainability, 14, pp. 425-431 (2012). https://link.springer.com/article/10.1007/s10668-012-9337-9*

145 https://reprap.org/wiki/RepRap

146 Wittbrodt, B. T., Glover, A. G., Laureto, J., Anzalone, G. C., Oppliger, D., Irwin, J. L. y Pearce, J. M. (2013). "Life cycle economic analysis of distributed manufacturing with open-source 3-D printers", *Mechatronics, 23*, 713-726. *https://www.academia.edu/4067796/Life-Cycle_Economic_Analysis_of_Distributed_Manufacturing_with_Open-Source_3-D_Printers*

de RepRaps alimentados con sistemas fotovoltaicos, específicamente en situaciones de crisis humanitarias.[147, 148, 149, 150] Una manera de disminuir los costos del anclaje para el sistema fotovoltaico es utilizar una impresora 3D RepRap para hacerlos para arreglos fotovoltaicos móviles a pequeña escala.[151] Un estudio[152] evaluó la viabilidad técnica y económica de los anclajes para sistemas fotovoltaicos fabricados y distribuidos en países en desarrollo, así como los edificios con tejados planos[153] utilizando impresoras 3D RepRap básicas, y encontraron resultados prometedores.

Un ejemplo de un sistema de anclaje impreso en 3D es el sistema de cables en cruz que utiliza el marco ya existente de aluminio del módulo fotovoltaico estándar como estructura, y mantiene el módulo en su lugar con fijaciones laterales sujetas al marco con cables de acero. Un conjunto fotovoltaico de 1 kW constituido por cuatro módulos fotovoltaicos de 250 W, mostrado en la Imagen 5.27, utiliza sistema de anclaje con cables en cruz.

147 Debbie L. King, Adegboyega Babasola, Joseph Rozario, y Joshua M. Pearce, "Mobile Open-Source Solar-Powered 3-D Printers for Distributed Manufacturing in Off-Grid Communities," *Challenges in Sustainability 2*(1), 18-27 (2014). *http://dx.doi.org/10.12924/cis2014.02010018*

148 Benjamin L. Savonen, Tobias J. Mahan, Maxwell W. Curtis, Jared W. Schreier, John K. Gershenson y Joshua M. Pearce. Development of a Resilient 3-D Printer for Humanitarian Crisis Response. *Technologies 2018, 6(1), 30; https://doi.org/10.3390/technologies6010030*

149 Khan, K.Y., Gauchia, L., Pearce, J.M., 2018. Self-sufficiency of 3-D printers: utilizing stand-alone solar photovoltaic power systems. *Renewables: Wind, Water, and Solar 5:5.* https://doi.org/10.1186/s40807-018-0051-6

150 Jephias Gwamuri, Dhiogo Franco, Khalid Y. Khan, Lucia Gauchia y Joshua M. Pearce. High-Efficiency Solar-Powered 3-D Printers for Sustainable Development. *Machines 2016, 4*(1), 3; *https://doi.org/10.3390/machines4010003*

151 Wittbrodt, B., Laureto, J., Tymrak, B. y Pearce, J.M., 2015. Distributed manufacturing with 3-D printing: a case study of recreational vehicle solar photovoltaic mounting systems. *Journal of Frugal Innovation, 1*(1), p.1. *https://jfrugal.springeropen.com/articles/10.1186/s40669-014-0001-z*

152 B.T. Wittbrodt y J.M. Pearce. 3-D printing solar photovoltaic racking in developing world. *Energy for Sustainable Development 36, pp. 1-5 (2017).* https://www.researchgate.net/publication/309883530_3-D_printing_solar_photovoltaic_racking_in_developing_world

153 B.T. Wittbrodt y J.M. Pearce. Total U.S. cost evaluation of low-weight tension-based photovoltaic flat-roof mounted racking. *Solar Energy 117* (2015), 89–98. https://www.academia.edu/29779538/3-D_Printing_Solar_Photovoltaic_Racking_in_Developing_World

Imagen 5.27
Ensamblaje de conjunto fotovoltaico de 1 kW con sistema de cables cruzados. Los componentes impresos en 3D se muestran en las esquinas grises. Los cables forman una cruz debajo de los módulos.

Al compararlos a un sistema de anclajes comercial, el sistema de cables cruzado es significativamente menos caros, con ahorros del 83 % (con filamentos de impresión 3D comerciales) hasta el 92 % (con plástico desechado reciclado). Al fabricar el anclaje, también puedes evitar aranceles de importación, que pueden ser importantes, según el país. Con el sistema de anclaje con cables cruzados, el mayor costo individual es el plástico impreso, con un uso de 1,5 kg/kW a un precio de $33/kg. Si utilizas una tecnología nueva, el recyclebot,[154, 155] que convierte desecho plástico en material apto para la impresora 3D, el costo se reduce incluso más, hacia los 10 céntimos por kg. El filamento que proporciona el reclyclebot puede aplicarse en regiones en desarrollo, puesto que ya hay esfuerzos en crear estándares éticos de filamentos,[156] que permitirían que los recicladores de base (las personas que se ganan la vida buscando en los vertederos materiales reciclables) salgan de la pobreza al conseguir una parte mayor del beneficio del reciclado del plástico en filamento para impresoras 3D.

154 http://www.appropedia.org/Recyclebot

155 Baechler, C., Devuono, M. y Pearce, J. M. (2013). "Distributed recycling of waste polymer into RepRap feedstock", *Rapid Prototyping Journal, 19*, 118-125. https://www.researchgate.net/publication/235703067_Distributed_Recycling_of_Waste_Polymer_into_RepRap_Feedstock

156 Feeley, S. R., Wijnen, B., y Pearce, J. M. (2014). Evaluation of Potential Fair Trade Standards for an Ethical 3-D Printing Filament. *Journal of Sustainable Development*, 7(5), 1-12. https://www.researchgate.net/publication/285936892_Evaluation_of_Potential_Fair_Trade_Standards_for_an_Ethical_3-D_Printing_Filament

5.10.5. Anclajes para sistemas fotovoltaicos integrados a los edificios

Un anclaje de tejado residencial típico viene en diferentes estilos, según el tipo de tejado (tejas, metal, ladrillos, etc.), pero todos tienes rasgos similares. Hoy en día, todos los sistemas de anclaje fotovoltaicos para tejados que se utilizan para módulos convencionales tienen algún tipo de tope que aumenta la distancia entre el tejado y los módulos fotovoltaicos, de cm a metros, según la inclinación del tejado. Históricamente, el tope se ha incluido para disipar la energía térmica en los módulos en un esfuerzo por minimizar la pérdida de eficiencia debida a las temperaturas de funcionamiento del sistema. Existen muchas opciones de anclaje con distintas estéticas y ángulos para los ajustes óptimos, y sus costos ahora son relativamente altos en comparación con los costos reducidos del módulo. Por ejemplo, el sistema de anclaje Rooftrac cuesta $0,12/W para una aplicación residencial.[157] Estos costos inflados pueden que hacer los sistemas no sean económicos.

Además, tales sistemas siempre necesitan del costo completo de un tejado debajo, porque los sistemas fotovoltaicos no funcionan como tejados. ¡Es un gran desperdicio! La industria fotovoltaica ha intentado arreglar este problema, con un número creciente de sistemas fotovoltaicos integrados a los edificios (BIPV, por *building integrated photovoltaic*), con productos tales como pizarras para tejado y tejas fotovoltaicas. En estos casos, el sistema fotovoltaico se convierte en el tejado, por lo que ya no hace falta pagar por el tejado. Estos productos BIPV generalmente cuestan mucho más que los sistemas fotovoltaicos, principalmente debido a su relativa pequeña escala que no puede aprovecharse de la economía de baja escala en el mercado de módulos estándar. Para superar estos retos, un estudio investigó una modificación novel de los módulos fotovoltaicos convencionales para permitir que funcionaran como tejas de pizarra para tejados BIPV (el artículo de acceso abierto tiene todos los detalles).[158] Los diseños se encuentran disponibles como hardware de acceso abierto en Open Science Framework.[159]

157 "Rooftrac- Residential Roof Solar Mounting System, Solar Racking". ProSolar- Solar Mounting Systems - Oxnard, CA. N.p., 2017.

158 Pearce, J., et al. 2017. Design of post-consumer modification of standard solar modules to form large-area building-integrated photovoltaic roof slates. *Designs, 1*(2), p.9. https://doi.org/10.3390/designs1020009

159 CAD assembly for module BIPV retrofit. Open Science Framework. https://osf.io/pz3uv/

5.11. Monitoreo

El monitoreo ayuda a comprobar y rápidamente hacer un seguimiento de la salud del sistema. Muchos reguladores de carga e inversores tienen monitores insertados en ellos, pero es posible que quieras monitorear cargas específicas o ver cómo se cargan y descargan con el tiempo. Algunos reguladores de carga e inversores también pueden subir los datos a internet.[160]

5.12. Sistemas

Básicamente hay tres tipos de sistemas fotovoltaicos, cada uno de ellos tiene un requisito de tamaño específico. Los sistemas autónomos solo utilizan tecnología fotovoltaica y no están conectados a la red, por lo tanto suelen tener algún tipo de suministro extra, como una batería. El segundo tipo de sistema es el sistema híbrido. Los sistemas híbridos están compuestos por electricidad fotovoltaica y otras formas de electricidad, como eólica o diésel. Finalmente, los sistemas conectados a la red eléctrica no necesitan necesariamente ningún tipo de sistema alternativo de apoyo y están conectados a la red de suministro, que «almacena» la energía. Por ejemplo, si hay un sistema fotovoltaico en tu casa que está conectado a la red eléctrica y produce más energía de la que necesita, el excedente irá a la red eléctrica. Por lo tanto, durante los días nublados y de noche, puedes utilizar energía de la red en tu casa. También puedes tener un sistema conectado a la red con baterías, pero necesitarás un permiso especial y equipo para poder utilizarlo «aislado» como en ocasiones en que haya apagones.

160 Ver ejemplos en https://www.appropedia.org/Photovoltaic_monitoring.

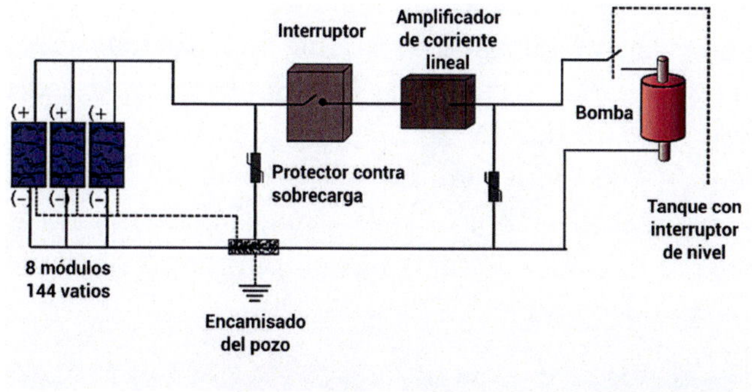

Imagen 5.28
Diseño de sistema fotovoltaico autónomo de bomba de agua sin almacenamiento

Imagen 5.29
Bomba de agua solar en India (NREL)

La Imagen 5.28 muestra el ejemplo de un sistema fotovoltaico autónomo similar al utilizado para bombear agua en India que se ve en la Imagen 5.29. El sistema básico tiene un conjunto fotovoltaico que produce electricidad que viaja a través de un interruptor disyuntor y de un amplificador de corriente lineal para proporcionar electricidad a la bomba de agua. Este sistema es común en aplicaciones agrícolas en todo el mundo, como en la granja de Tailandia que se muestra en la Imagen 5.30. Es muy simple diseñarla y no tiene almacenamiento eléctrico. Sin embargo, hay que indicar que se puede pensar este sistema como si tuviera un almacenamiento en forma de agua bombeada, cuyo potencial energético ha aumentado a través del proceso de bombeado. Por lo tanto, el sistema puede producir agua bombeada disponible que puede almacenarse y utilizarse cuando se necesite. Esto es en muchos aspectos una manera más segura y barata de almacenar la electricidad en baterías para usarla y bombear agua a demanda. Según la profundidad del pozo y la cantidad de agua que se necesitan se determina caso por caso el tamaño del sistema debido a los requisitos de potencia de la bomba. Los sistemas autónomos no siempre necesitan ser bombas de agua. El sistema de 20 W del Tíbet puede utilizarse para cargar teléfonos celulares y computadoras portátiles. Las baterías de los dispositivos solo se pueden cargar los días soleados.

Imagen 5.30
Bomba de agua fotovoltaica en un sistema grande en Tailandia (NREL)

Imagen 5.31
Sistema fotovoltaico pequeño, autónomo en el Tibet (NREL)

El siguiente tipo de sistema es el sistema híbrido. Si necesitas electricidad inmediatamente, la generada por las celdas fotovoltaicas circula por el inversor y si es necesario un transformador y luego a tu carga. Si no, se almacena en un batería. Después, si oscurece, puedes utilizar la energía de la batería. Si está oscuro durante mucho tiempo, o si la carga excede lo que hay disponible de los paneles solares, puedes utilizar la energía del generador. En el caso ideal desde el punto de vista de la eficiencia, el generador sería uno de cogeneración (es decir, que proporciona calor y electricidad). En general, tales sistemas suelen ser grandes, puesto que se considera que proporcionan un suministro crítico de electricidad (por ej. para sistemas de comunicación u hospitales).

Hoy en día, la mayoría de sistemas fotovoltaicos instalados están conectados a la red eléctrica para aquellos que como nosotros tenemos nuestras casas conectadas a la red pública. Si no vives en zonas rurales, seguramente podrás conseguir la electricidad de la red eléctrica. Un tipo de sistema común en viviendas en la mayoría del mundo es un medidor conectado a la red, como se muestra en la Imagen 5.32. Imagina un conjunto de paneles solares en tu tejado, sobre los que brilla el sol y que producen una tensión CC (como una batería). Luego, la tensión CC circula por el inversores y se convierte en tensión CA (como la electricidad que sale del enchufe de pared). El inversor suele estar monitoreado de alguna manera, y suele haber un tablero de distribución dentro de la vivienda. La tensión CA circula directamente al tablero de distribución principal. Desde ahí, puede utilizarse para alimentar cualquier dispositivo eléctrico de tu hogar. En algunos casos, digamos a la hora de comer, mientras estás en el trabajo, las celdas solares producen electricidad. Vas a producir mucha energía eléctrica, que luego puede inyectarse a la red y hacer que el contador cuente a la inversa (que aunque sea terminología anticuada, es bastante visual). Luego, solo pagas por la cantidad neta de electricidad utilizada. Esto se llama **medición neta**. Algunos usuarios de energía solar producen a propósito más electricidad de la que utilizan para poder recibir dinero de vuelta de las compañías eléctricas. Un sistema con dos contadores es similar en cuanto a instalación, pero con la única diferencia de que está conectado al disyuntor de la vivienda y alimenta toda la electricidad a la red.

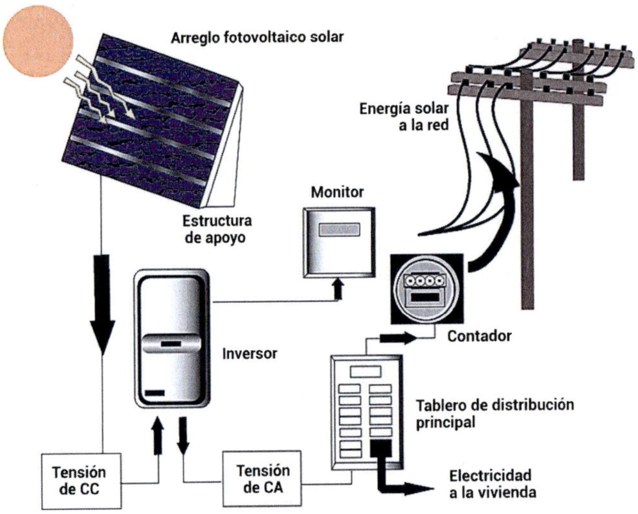

Imagen 5.32
Esquema de sistema fotovoltaico conectado a la red. Los paneles solares convierten la luz solar directamente en electricidad. El inversor convierte la electricidad solar (CC) en corriente para el hogar (CA) que puede utilizarse para alimentar cargas en la vivienda. El monitor del sistema es un medidor digital fácil de leer que muestra al propietario la cantidad de electricidad que genera tanto acumulada como diaria. El contador sigue el uso y la producción de potencia, y da vueltas hacia delante cuando se utiliza electricidad de la red, y da vueltas hacia atrás, generando crédito, cuando el sistema solar crea más electricidad que la que utiliza la vivienda.

No importa el tipo de sistema solar que consideres, puedes diseñarlo tú mismo. La mayoría de las instrucciones a seguir son para diseñar sistemas fuera de red con batería de respaldo; sin embargo, muchos de los principios pueden utilizarse para calcular el tamaño de un sistema conectado a la red o también un sistema simple para una bomba de agua.

Los sistemas fotovoltaicos pueden variar mucho en alcance y extensión. Los sistemas de menos de un vatio pueden alimentar un reloj, y los sistemas con megavatios pueden alimentar comunidades. Este libro se centra en sistema de pequeña escala, normalmente de menos de 1000 W (también llamado 1 kW). El alcance del sistema puede variar desde alimentar un pequeño dispositivo a alimentar otros más complejos.

El sistema de la Imagen 5.33 muestra un sistema muy básico en el que un panel (1) alimenta directamente un carga de CC (5). Un disyuntor (2), probablemente un interruptor básico, permite interrumpir el flujo cuando es necesario. Las ventajas de este sistema son que es barato, simple y duradero. Las desventajas son que funciona solo cuando sale el sol, y la carga debe poder soportar las grandes fluctuaciones de voltaje que el panel proporcione.

Algunos ejemplos clásicos de sistemas sin baterías son un ventilador de invernadero y una bomba de agua. Un ventilador de invernadero sirve para bajar la temperatura de un invernadero durante el día. El invernadero es más caluroso cuando el sol se encuentra en su momento más alto, por lo que el ventilador funcionará más debido a la misma luz solar. Se puede colocar una bomba de agua para bombear a un depósito mayor, solo cuando el sol brilla. Como el depósito más grande funciona como almacenamiento, la bomba puede funcionar cuando el sol brilla, en lugar de a demanda.

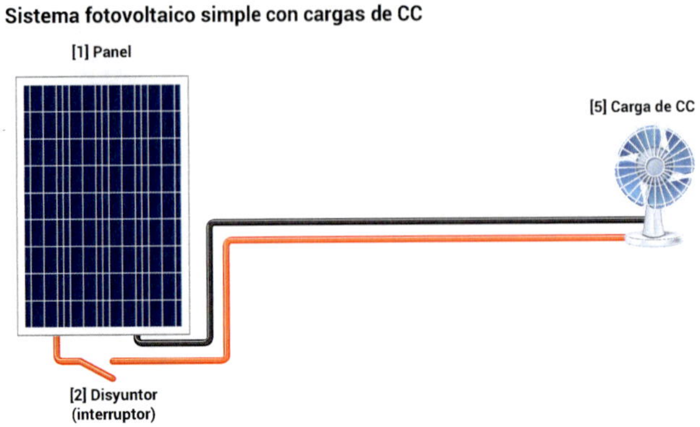

Imagen 5.33
Sistema fotovoltaico simple con un panel que alimenta directamente una carga de CC

El sistema de la Imagen 5.34 muestra un sistema muy básico en el que la tensión de un panel (1) está regulada por el regulador de tensión[161] (3) y alimenta una carga de CC (5). Un disyuntor (2), probablemente un interruptor básico, permite interrumpir el flujo cuando es necesario. Las ventajas de este sistema son que protege la carga de CC y sigue siendo relativamente barato, simple y duradero. Las desventajas son que funciona solo cuando el sol brilla y añade costos a un regulador de carga.

Algunos usos típicos para este tipo de sistema incluyen un cargador USB para teléfonos móviles (y otros dispositivos de 5 V), luces LED (por ej. en un lugar en el que la luz natural no sea una opción, como algunas oficinas y villas), y dispositivos que tienen baterías internas (por ej. un altavoz portátil). Este tipo de protección del voltaje del regulador de tensión también puede ser necesario para el ventilador y la bomba de agua de los que ya hemos hablado, si este ventilador y bomba de agua son sensibles a la tensión.

161 Recuerda que en este libro nos referimos a los reguladores de tensión como un tipo limitado de regulador de carga.

Sistema fotovoltaico simple con regulador de tensión con cargas de CC

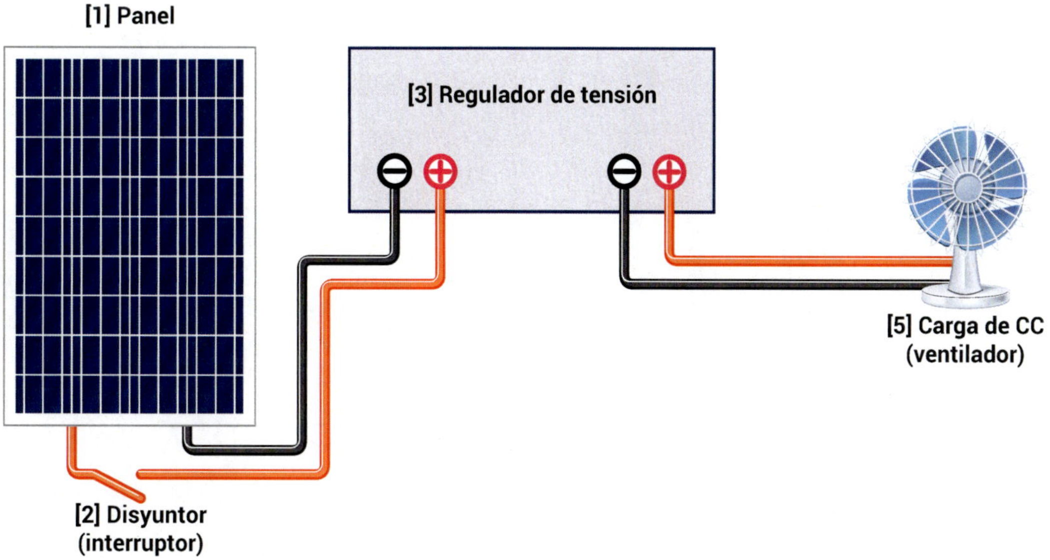

Imagen 5.34
Sistema fotovoltaico con un panel y un regulador de tensión que alimenta una carga de CC

El sistema de la Imagen 5.35 muestra un sistema en el que la tensión de un panel (1) está regulada por el regulador de carga (2) para cargar una batería (4) y alimentar una carga de CC (5). Un disyuntor (2) permite cortar la electricidad cuando es necesario, y un fusible (2) proporciona protección contra picos de corriente. Las ventajas de este sistema son que se protege la carga de CC y se almacena energía para cuando el sol no brille. Las desventajas son que es más caro y peligroso por añadir la batería.

Este tipo de sistema puede utilizarse en todos los tipos de dispositivos CC, como teléfonos celulares, luces LED, bombas de agua y cualquier dispositivo que se enchufe a un encendedor de cigarrillos de vehículo. Además, la batería permite alimentar dispositivos que necesitan más energía que la que puede proporcionar el panel, si bien durante menos tiempo (porque la batería se agotará más rápidamente que la energía solar que la recarga).

Sistema fotovoltaico básico, con regulador de carga, baterías y cargas de CC

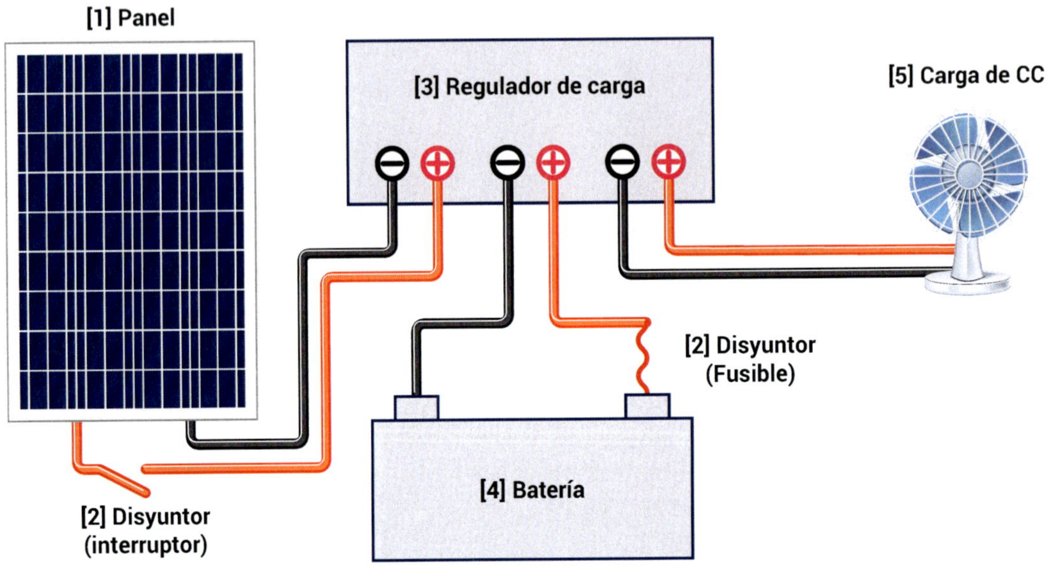

Imagen 5.35
Sistema fotovoltaico con panel y regulador de carga cargando cargas de CC

El sistema de la Imagen 5.36 muestra un sistema en el que la tensión de un panel (1) está regulada por el regulador de carga (3), probablemente uno con pantalla, para cargar una batería (4) para alimentar una carga de CC (5) y un inversor (6) para alimentar cargas de CA (7). Un disyuntor (2) permite cortar la electricidad cuando sea necesario, y un disyuntor (2) proporciona protección para picos de corriente, mientras que una toma de tierra (8) y un pararrayos (8) proporcionan un sistema de protección adicional. Las ventajas de este sistema son que se protege las cargas de CC y CA y se almacena energía para cuando el sol no brille. Añadir el inversor proporciona corriente CA para dispositivos comunes en el hogar. Las desventajas son que añadir la batería, el inversor y la protección extra lo hacen más caro y la batería lo hace más peligroso.

Este tipo de sistema puede utilizarse para todos los tipos de dispositivos CC así como los CA que se suelen encontrar en los hogares. Este tipo de sistema es a menudo más grande que los otros tipos de sistemas y pueden ampliarse según el tamaño del hogar.

Sistema fotovoltaico un poco más grande, con regulador de carga, batería, pararrayos, cargas de CC y de CA

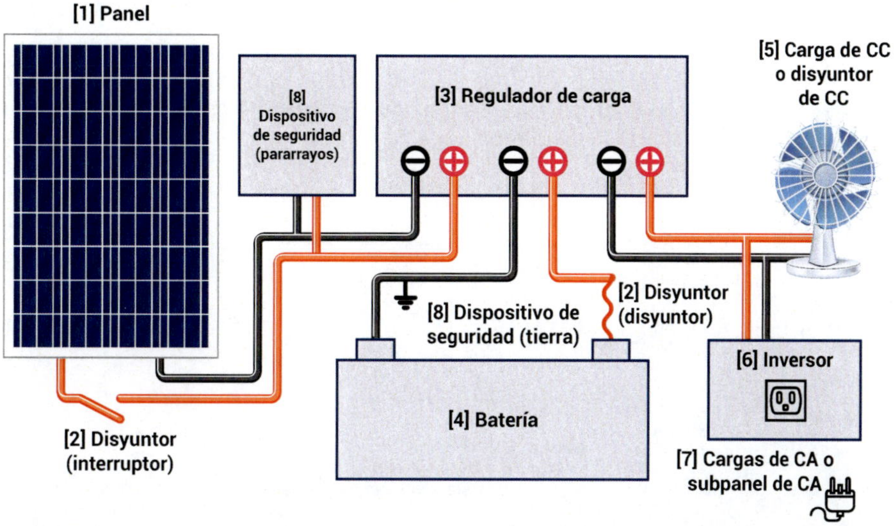

Imagen 5.36

Sistema fotovoltaico con panel y regulador de carga cargando una batería y alimentando cargas CC y CA

A menudo, las cargas CC y CA son demasiado grandes para ser controladas directamente desde los reguladores de carga. En este caso, las cargas pueden conectarse a la batería.

El sistema en la Imagen 5.37 muestra un sistema en el que la tensión del panel (1) está regulada por el regulador de carga (3), probablemente uno con pantalla, para cargar la batería (4). Esta batería tiene un disyuntor para la carga del regulador de carga y un disyuntor distinto para las cargas alimentadas directamente por la batería, es decir las cargas CC (5) e inversores (6) para alimentar las cargas de CA (7). Un disyuntor para el panel (2) permite apagar la electricidad cuando es necesario. Un interruptor de batería (2) proporciona protección en caso de sobrecargas. Un fusible de carga proporciona protección para cortocircuitos, mientras que una toma de tierra (8) y un pararrayos (8) proporcionan un sistema de protección adicional. Las ventajas de este sistema son que se protegen las cargas de CC y CA y se almacena energía para cuando el sol no brille. Añadir el inversor proporciona corriente CA para dispositivos comunes en el hogar. Las desventajas son que añadir la batería, el inversor y la protección extra lo hacen más caro y la batería lo hace más peligroso. Conectar las cargas a la batería mantiene la ventaja de tener un almacenamiento regulado, pero pierde la capacidad de que el regulador de carga pueda regular las cargas e interrumpirlas en caso de que la batería esté demasiado descargada.

Sistema fotovoltaico un poco más grande con regulador de carga, batería con disyuntor, pararrayos, cargas de CC con interruptor e inversor más grande no controlado por un regulador de carga

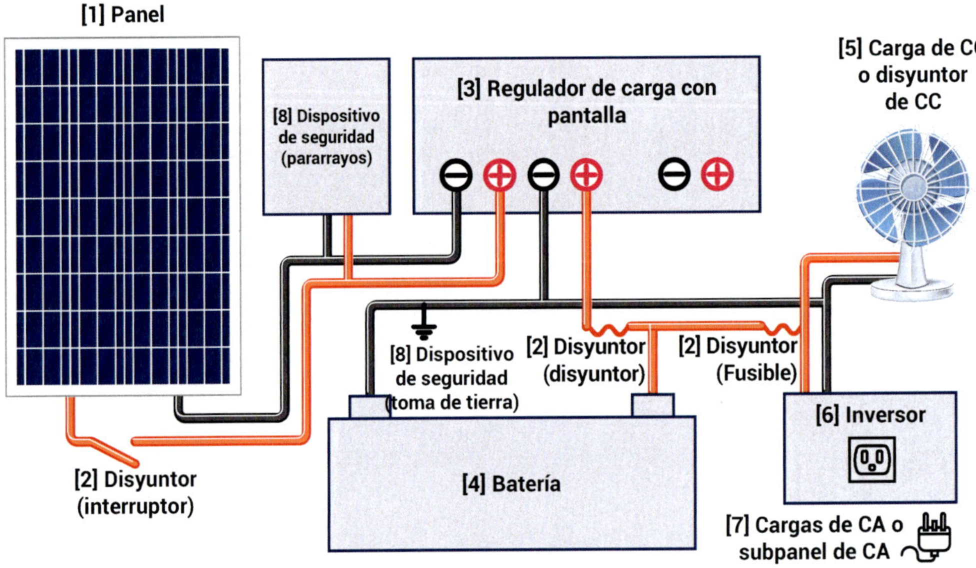

Imagen 5.37
Sistema fotovoltaico con un panel y un regulador de carga cargando una batería y alimentando cargas CC y CA directamente desde la batería

Los sistemas fotovoltaicos también pueden utilizarse ahora para proporcionar calefacción y refrigeración al conectarlos a bombas de calor, como se ve en la Imagen 5.38. Una bomba de calor es un dispositivo que utiliza electricidad para transferir energía térmica. Las bombas de calor más comunes se utilizan para mantener fríos los frigoríficos. Hoy en día, también se pueden utilizar tanto para calentar como para enfriar un edificio con más eficiencia porque su coeficiente de rendimiento es mayor que uno (por ej., pueden utilizar una unidad de energía eléctrica para mover más de una unidad de energía térmica). A pesar de que los sistemas fotovoltaicos térmicos pueden ser efectivos, es más fácil ampliar sistemas fotovoltaicos que alimentan bombas de calor, ya que los sistemas pueden instalarse y operarse de manera independiente. Las tecnologías fotovoltaicas y de bombas de calor finalmente han descendido lo suficiente en precio como para que sean más económicas que las calefacciones de gas natural y la red de Canadá y de los Estados Unidos, donde las bombas térmicas se utilizan principalmente para calentar.[162] En climas más cálidos, la bomba de calor puede utilizarse como aire acondicionado frío o si vives en un lugar intermedio puede utilizarse como aire acondicionado frío o caliente según la época del año.

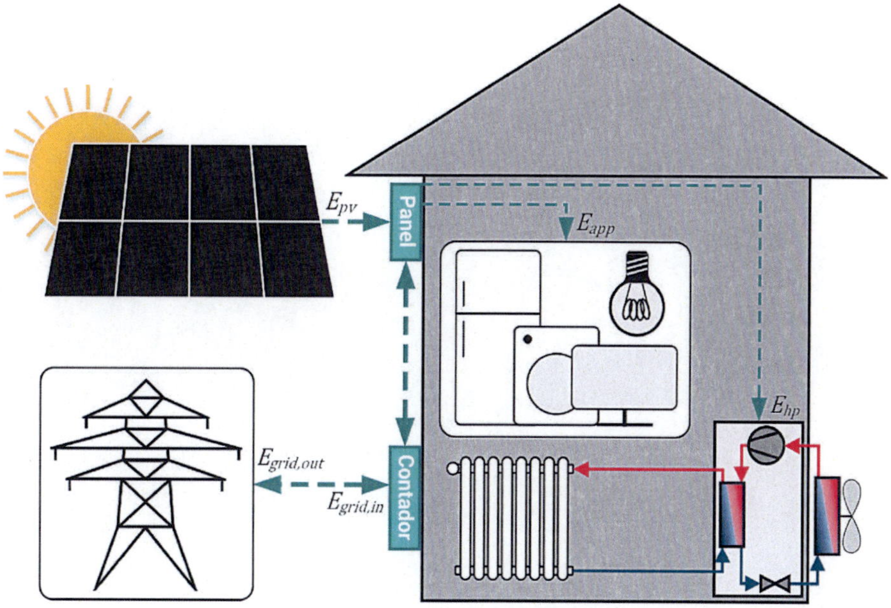

Imagen 5.38

Diagrama de construcción de un sistema fotovoltaico con generación de energía fotovoltaica (Epv), cargas de electrodomésticos (Eapp), cargas de bombas de calor (Ehp) y red de conexión (Egrid). https://www.appropedia.org/File:PV_HP_diagram.png

162 Joshua M. Pearce y Nelson Sommerfeldt. 2021. "Economics of Grid-Tied Solar Photovoltaic Systems Coupled to Heat Pumps: The Case of Northern Climates of the U.S. and Canada" *Energies 14, no. 4: 834.* https://doi.org/10.3390/en14040834

6. Pensar el tamaño de un sistema sin baterías

Pensar el tamaño de un sistema es a menudo un proceso iterativo basado en las necesidades energéticas y el acceso a los recursos. El primer paso para decidir el tamaño de un sistema probablemente siempre debería ser el de ahorrar. Siempre es más barato ahorrar que producir de más. A veces se refiere a esto con negavatios (la energía que nos ahorramos).

Lo siguiente es decidir si va a estar desconectado de la red o no tener baterías. Este apartado es para decidir el tamaño de un sistema sin baterías. La mayoría de sistemas necesitarán una batería, pero los sistemas sin baterías suelen ser más seguros, menos caros y duran más tiempo. El apartado 5.4 te ayudará a determinar si quieres baterías. Si tu sistema necesita una batería, sáltate este apartado y ve al Capítulo 7.

6.1. Carga de CC simple

Un sistema fotovoltaico con carga de CC simple alimenta directamente una carga desde el sol sin regulación o almacenamiento. No hay muchos sistemas que funcionen así, pero cuando funciona suele ser el menos caro y el más fácil de utilizar. Algunos usos típicos para este tipo de sistema incluyen un cargador USB (con regulador incorporado) para teléfonos móviles (y otros dispositivos de 5 V) y luces LED (en un lugar en el que la luz natural no sea una opción, como en algunas oficinas). Como indiqué anteriormente, este tipo de sistema proporcionará energía solo cuando salga el sol. Este dispositivo no funcionará cuando no haya sol, a no ser que tenga su propia batería interna.

Para decidir el tamaño del sistema, hay dos limitaciones principales: el voltaje y la corriente.

Voltaje/Tensión: Los dispositivos operan en un rango de voltaje determinado. Algunos dispositivos tienen un margen muy estrecho (por ej. un portátil que se carga con una entrada CC de exactamente 19 V), mientras otros dispositivos pueden tener un rango mayor (por ej. algunos reguladores de luz LED de baja tensión pueden aceptar entre 10 y 32 V). Debes asegurarte de que las cargas que quieres alimentar pueden aceptar todo el rango de tensiones probables del/los paneles que selecciones. Si tus paneles tienen un Voc (voltaje en circuito abierto, o máxima tensión) de 21 V, entonces tu dispositivo en ese montaje deberá poder aceptar esa tensión.

Corriente: Los dispositivos requieren una corriente determinada para poder operar bien. Utilizar un panel que puede proporcionar un poco más de corriente (I_{MPP}, el punto de máxima potencia es lo que orienta más a la hora de fijarse) no suele ser un problema, ya que el dispositivo solo utilizará lo que necesite. Por otro lado, muy poca corriente podría funcionar o no, según la carga. Si la carga tiene una batería externa, como un cargador de celular, debería funcionar bien, aunque se cargaría más lentamente. Si la carga es un calentador o una luz, normalmente funcionará produciendo solo un poquito menos de calor o luz.

Calcular el tamaño de un sistema CC sin regulador de tensión:

1. **Determina la entrada CC en un rango de tensión** del dispositivo que quieres alimentar. Estos suelen aparecer en la etiqueta del dispositivo o del cargador que alimenta el dispositivo. Por ejemplo, el cargador USB de la Imagen 6.1 muestra un rango de tensión de entrada CC de 12 a 24 V, y la bomba de agua de la Imagen 6.2 funcionó muy bien de forma experimental entre 14 y 20 V. Si el dispositivo necesita exactamente una tensión, entonces necesitarás un regulador de tensión del tamaño adecuado que se muestra en el apartado 6.2.

2. **Determina la entrada CC de corriente** del dispositivo que quieres alimentar. La corriente máxima que se necesita suele aparecer mencionada en el dispositivo. Por ejemplo, la bomba de agua de la Imagen 6.2 funciona con 7,5 A. A veces el dispositivo solo menciona la corriente. Por ejemplo, el cargador USB de la Imagen 6.1 muestra la corriente de salida CC de dos enchufes de 5 V * 2,4 A, para una potencia de 12 W. Si quieres alimentar ambos enchufes, eso sería 2 enchufes * 12 W/enchufe igual a 24 W. Si tu voltaje mínimo es 12 V, entonces la corriente máxima que se necesita (sin tener en cuenta la pérdida de eficiencia) sería de 2 A (porque I=P/V para I=24 W/12 V). Si el dispositivo solo menciona la potencia máxima (en W), puedes dividir la potencia por el voltaje (en V) para obtener la corriente máxima (en A).

3. **Encuentra un panel fotovoltaico** cuya potencia se encuentra suficientemente cerca o por encima de la potencia que necesita el dispositivo. Si el dispositivo no menciona la potencia que necesita, multiplica su corriente máxima indicada por la tensión máxima, para saber la potencia máxima que necesita.

    a. **La tensión máxima del panel** debe estar dentro del rango de tensiones de entrada del dispositivo del Paso 1, o necesitarás un regulador de tensión descrito en el Apartado 6.2.

    b. **La corriente máxima del panel** debería acercarse o estar por encima de la corriente de entrada en CC que se necesita para el dispositivo.

    c. Atención, porque es posible que haya que combinar varios paneles para cumplir con las necesidades de una carga mayor. Si es así, lee los consejos del Apartado 7.3.1.

4. **Elegir el tamaño del cable** según lo descrito en el apartado 7.6.

5. **Es posible que quieras añadir un interruptor** para poder apagar el dispositivo cuando haya sol y el panel esté generando energía. Lee el Apartado 7.7 para elegir los interruptores.

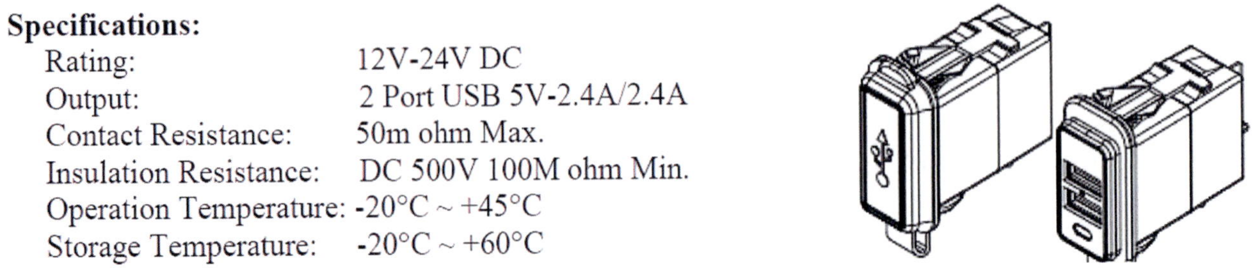

Imagen 6.1
USB con 2 puertos con salida de 5 V con 2,4 A (por lo tanto 12 W en cada puerto) y que acepta entrada CC entre 12 y 24 V, lo que se ajusta a muchos paneles fotovoltaicos pequeños (appropedia.org/Redwood_Coast_Montessori_solar_charging_station)

Imagen 6.2
Bomba de agua Shurflo 4008-101-E65 de 12 V, con 7,5 A que experimentalmente mostró que operaba bastante bien entre 14 y 20 V de energía solar (appropedia.org/CCAT_solar_irrigation_for_food_forest).

6.2. Carga con regulador de tensión

A menudo, alimentar una simple carga de CC sin batería necesita de un regulador de tensión para traer la tensión de los paneles al rango adecuado para el dispositivo que hay que alimentar. Esto permite pensar un sistema simple, económico y sin batería, sin tener que ajustarse de manera perfecta a la tensión del panel. Para dispositivos que necesitan una tensión única y específica (es decir, no un rango de tensión), entonces se necesita un regulador de tensión o un sistema con batería con un regulador de carga. Este libro llama regulador de tensión a una subcategoría de regulador de carga. Los reguladores de tensión simples son únicos y no necesitan una batería, mientras que todos los demás reguladores de carga generalmente necesitarán de una batería.

Elegir el tamaño de un regulador de tensión:

1. Busca un regulador con un rango de **tensión de entrada CC** que se ajuste a tu panel solar. Por ejemplo, el regulador de tensión de la Imagen 6.3 acepta 15-40 V, lo que coincide con la salida del panel de 16-21 V.

2. Busca un regulador con una **tensión de salida CC** que se ajuste a las necesidades de la carga. Por ejemplo, el regulador de tensión de la Imagen 6.3 tiene una salida de exactamente 12 V, que es precisamente lo que necesitan las LED.

3. Asegúrate de que el regulador de tensión puede proporcionar la **corriente necesaria** a la carga. Por ejemplo, la luz LED de la Imagen 6.3 necesita 0,36 A para brillar al máximo. Este regulador de tensión puede proporcionar hasta 2 A, lo que podría alimentar 5 LED (5 LED * 0,36 A/LED = 1,8 A).

   Comprueba que tus paneles puedan proporcionar la corriente necesaria y en el rango de tensión adecuado. Es posible que tengas que juntar varios paneles para conseguir lo que necesitas. En este caso, lee los consejos del Apartado 7.3.1. Por ejemplo, el panel de la Imagen 6.3 es un panel de 20 W con un punto de máxima potencia de unos 18 V y 1,1 A. Esto podría alimentar al máximo solo 3 LED (3 LED * 0,36 A/LED = 1,08 A), según la eficiencia y electrónica del regulador de tensión. Un regulador de tensión de alta calidad podría alimentar más según la potencia en lugar de la corriente. En este caso, las LED tomarían 4,32 W (12 V * 0,36 A). Este panel de 20 W podría alimentar cuatro LED según la potencia (4 LED * 4,32 W = 17,28 W).

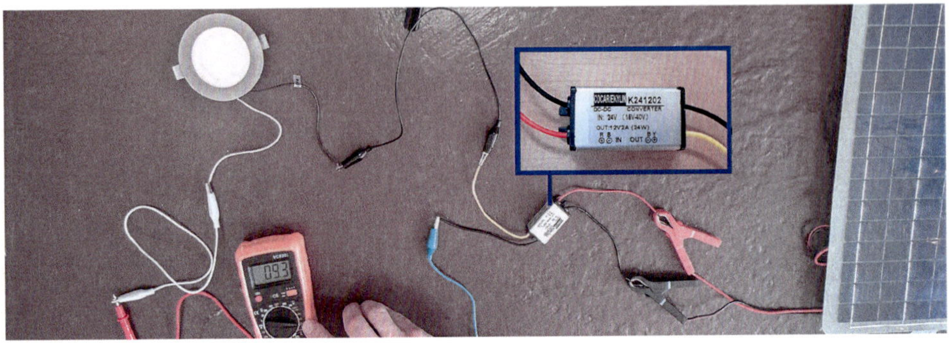

Imagen 6.3

Paneles solares alimentan una luz LED (izquierda) a través de un regulador de tensión (centro) sin batería. Este sistema podría alimentar más de una LED.

7. Determinar el tamaño de un sistema con baterías

Un sistema con baterías tiene muchas ventajas, como poder acceder a energía incluso cuando no hay sol. Determinar el tamaño de un sistema suele ser un método iterativo; y si estás pensando el tamaño de un sistema con batería, generalmente estos serán los pasos a seguir:

1. Valoración de necesidades
2. Dimensionado de las baterías
3. Dimensionado de los paneles
4. Dimensionado de los reguladores de carga
5. Dimensionado de los inversores
6. Dimensionado de cables y enchufes
7. Dimensionado de disyuntores

Determinar el tamaño de un sistema a menudo implica mucha investigación, comprensión y hacer cálculos. ¡Puedes hacerlo sin lugar a dudas! Nos parece que es un reto entretenido que resulta más fácil cada vez que lo hacemos. Puedes consultar las herramientas para averiguar tamaños disponibles, calculadoras y hojas de cálculo en la web de https://www.appropedia.org/Solar_photovoltaic_software para aumentar o sustituir el trabajo de este apartado.

7.1. Valoración de necesidades (en otras palabras, auditoría de energía)

Cualquier dispositivo que consume energía eléctrica se llama una carga (por ej. una bomba de agua, un televisor, bombilla o computadora). Incluye únicamente en tu diseño los dispositivos que quieras alimentar con energía solar o una batería. Te interesa estudiar tu propio consumo energético y reducir primero tus necesidades energéticas todo lo posible, para reducir el tamaño de tu sistema fotovoltaico y reducir los costos iniciales. Por ejemplo, cambia tus bombillas incandescentes a LED para reducir drásticamente tu uso energético y por lo tanto, el tamaño del sistema fotovoltaico que necesitas. Después de que hayas encontrado todos los puntos que puedes reducir en tu uso energético,[163] averigua cuánta potencia (en vatios) utiliza cada electrodoméstico o carga y cuánto tiempo lo utilizarás habitualmente. La mayoría de electrodomésticos indican la potencia que consumen en la etiqueta trasera. Otra manera de averiguar cuánta potencia utiliza un dispositivo es mirar la hoja de especificaciones que se puede encontrar en internet, contactar con un distribuidor local de electrodomésticos o con el fabricante, hacer búsquedas generales en Google o medir tú mismo la potencia con un dispositivo que mide la potencia como el Kill-a-Watt.[164] Si estás calculando el tamaño de un sistema para una casa que está conectada a la red, tus facturas eléctricas pueden ayudarte a formarte una idea de cuánta energía consume tu hogar y te permitirá pensar en un tamaño de sistema que permita compensar algo o todo el consumo eléctrico de tu casa.

El siguiente paso es calcular tus cargas de CC y CA. A veces hay sistemas más complicados, que son medio CC y medio CA. Es más fácil un sistema completamente CC o completamente CA. Así que primero, haz una lista de todas tus cargas CA, como el secador, la refrigeradora y la computadora. Luego, haz lo mismo para las cargas de CC, si tienes alguna. Recuerda que las cargas que se enchufan a la pared son cargas CA.

163 Descubre más sugerencias para ahorrar energía en *https://www.appropedia.org/How_to_make_your_home_more_energy_efficient*

164 Instructions para usar el kill-a-watt at https://www.appropedia.org/How_to_use_a_KillAWatt_meter

Sin embargo, algunos dispositivos, como cargadores de portátiles, convierten la CA en CC antes de enchufarse a la carga.

Las cargas de CC pueden añadirse con su uso semanal, para hacer un estimativo fácil. Para ello, haz una lista de las cargas CC y de sus vatios. Luego, multiplica cada carga por el número de horas que la utilizas al día y por el número de días que la utilizas a la semana para calcular el uso energético semanal de cada carga. Después de eso, suma todos los usos energéticos semanales para obtener el total CC del uso energético semanal, y divídelo por 7 días/semana para calcular un estimativo de tu uso energético diario CC total. Además, suma las potencias CC individuales para obtener la potencia CC máxima, si todas las cargas estuvieran encendidas al mismo tiempo, o añade selectivamente las cargas de CC que van a estar simultáneamente encendidas. Utilizaremos más tarde este valor de potencia CC total para calcular el tamaño de los cables. El cálculo 1 muestra un análisis de cargas de CC sin datos.

Cálculo 1

Análisis de cargas de CC

Carga de CC	Potencia de CC (W)	×	Uso diario (hr/día)	×	Uso semanal (días/semana)	=	Uso semanal de energía de CC (Wh/semana)
		×		×		=	
		×		×		=	
		×		×		=	
		×		×		=	
		×		×		=	
		×		×		=	
A. Potencia de CC total					**Uso semanal de energía de CC total**		**Wh/semana**
						÷	**7 Días/Semana**
					Uso diario de energía de CC total		**Wh/Día**

Al igual que las cargas de CC, las cargas de CA pueden sumarse semanalmente para realizar un estimativo fácil, utilizando los mismos pasos descritos arriba.[165] Sin embargo, como los paneles solares generan energía CC, esta debe convertirse a través de un inversor para poder utilizarse en las cargas CA. Por lo tanto, una vez hayas calculado el uso energético diario total CA, tendrás que dividir el número por la eficiencia del

165 En sistemas pequeños con inversores que siempre están encendidos, es posible que quieras hacer constar la potencia que utiliza el inversor para estar encendido. En muchos inversores, este valor es de solo unos vatios.

inversor, según el fabricante[166] para calcular la demanda total diaria CC después de que el inversor convierta las cargas a CA. Además, suma las potencias CA individuales para obtener la potencia CA máxima, si todas las cargas estuvieran encendidas al mismo tiempo. El cálculo 2 muestra un análisis de carga CA sin datos.

Cálculo 2

Análisis de carga CA

Cargas de CA	Potencia de CA (W)	×	Uso diario (hr/día)	×	Uso semanal (días/semana)	=	Uso semanal de energía de CA (Wh/semana)
		×		×		=	
		×		×		=	
		×		×		=	
		×		×		=	
		×		×		=	
		×		×		=	
C. Potencia de CA total							

Uso semanal de energía de CA total	Wh/semana
÷	7 Días/Semana
Uso diario de energía de CA total	Wh/Día
÷ eficiencia del inversor	0.9
D. Demanda diaria del inversor de CC total	Wh/Día

Ten en cuenta que algunos electrodomésticos no consumen su potencia nominal continuamente y tienen varios ciclos de potencia. Por ejemplo, una refrigeradora solo consume su potencia nominal completa durante un par de horas dispersas al día, y utiliza mucho menos en otros momentos. Estos electrodomésticos avanzados están mejor representados si añadimos su valor energético semanalmente (medido utilizando un medidor de energía, o buscando la información, como con el sistema Energy Star), y la potencia máxima para su potencia CA (normalmente en la etiqueta trasera del electrodoméstico como la potencia nominal) en lugar de calcularlo con el uso diario y semanal.[167]

166 Si no sabes la eficiencia, una eficiencia para el inversor de 0,9 debería valer.

167 Ver más en https://www.appropedia.org/How_to_do_an_electrical_energy_audit

Finalmente, suma tu uso energético diario CC total (del Cálculo 1) y la demanda diaria del inversor CC (del Cálculo 2 2) para obtener tu demanda diaria total CC, como se ve en el Cálculo 3:

Cálculo 3
Demanda CC diaria total (Wh/día)

B. Uso diario de energía de CC total	+	D. Demanda diaria del inversor de CC total	=	E. Demanda diaria de CC
	+		=	Wh/Día

7.2. Dimensionado de las baterías

Para un sistema desconectado de la red, si quieres electricidad cuando no hay sol, necesitarás almacenarla (probablemente con baterías) en tu sistema. Si estás planeando un sistema conectado a la red, es posible que puedas saltarte este paso. Sin embargo, si necesitas un refuerzo de batería para un lugar conectado a la red como un hospital, también necesitarás determinar un tamaño de batería.

Si estás instalando un sistema para un puesto científico que se ocupe los fines de semana, quizás consideres un banco de baterías y un conjunto fotovoltaico más pequeño, porque tu sistema podrá cargarse durante toda la semana y almacenar energía. Como alternativa, si estás añadiendo un conjunto de paneles solares como suplemento a un sistema de generador, tu banco de baterías puede ser más pequeño, ya que el generador puede utilizarse si hubiera que recargarlas.

Para determinar el almacenamiento total que se necesita, tendrás que determinar primero cuánto tiempo quieres tener electricidad si no hay luz solar. Esto suele expresarse en «días de autonomía» porque se basa en el número de días que quieres que tu sistema proporcione electricidad sin recibir una entrada de carga de los paneles solares o la red. También debes considerar el patrón de uso y el carácter crítico de tu aplicación. Si no es muy importante para ti tener electricidad cada día, entonces está bien si utilizas un número pequeño, como 1, para los días de autonomía.

Una vez determines tus días de autonomía, multiplica la demanda diaria CC total (Cálculo 3, Cálculo 4: Demanda de energía (Wh)-E) por los días de autonomía como se muestra en el Cálculo 4:

Cálculo 4

Demanda de energía (Wh)

E. Demanda diaria de CC total (Wh/día)	x	Días de autonomía (días)	=	F. Demanda de Wh
	x		=	Wh

Para dimensionar las baterías para cumplir estos Wh, deberás ajustar la capacidad de la batería según la temperatura (si hace mucho frío donde se guarden las baterías) y la profundidad máxima de descarga.

Para hacer ajustes por la temperatura, elige de la Tabla 7.1 el multiplicador más cercano al promedio de la temperatura ambiental en invierno a las que se verán expuestas tus baterías.

Tabla 7.1

Multiplicadores de la capacidad de temperatura de las baterías[168]

Temp (°C)	Cloruro de zinc	NiMH portátil sellada	Con electrodo de hierro	Ion de litio	Litio-ferrofosfato	Ácido-plomo
-20 °C	-	-	-	0,51	-	0,64
-10 °C	0,60	0,50	0,5	0,70	0,75	0,76
0 °C	0,80	0,80	0,7	0,82	0,91	0,85
10 °C	0,97	0,85	0,9	0,89	0,97	0,92
20 °C	1,00	0,90	1,00	0,93	1,01	0,98
25 °C	1	1	1	1	1	1
30 °C	1,10	1,00	1,00	1,00	1,02	1,02
40 °C	1,15	1,00	1,00	1,00	1,02	1,04

A continuación, necesitarás el límite de la profundidad de descarga (DoD) para las baterías que has seleccionado. Este valor DoD suele estar entre 0,2 y 0,9 (es decir, entre el 20 y el 90 %). Puedes determinar la DoD de tu batería siguiendo las especificaciones del fabricante o a partir de un promedio según el tipo de batería, como se muestra en la Tabla 5.2

Una vez hayas determinado el multiplicador de la temperatura y la profundidad de descarga, divide el Wh calculado por el límite de la profundidad de descarga, y multiplícalo por el multiplicador de la temperatura para determinar el tamaño del almacenamiento de la batería que necesitas, como se muestra en el Cálculo 5.

Cálculo 5

Almacenamiento necesario de batería (Wh)

F. Demanda de Wh (Wh)	÷	Profundidad de descarga	x	Multiplicador de la temp.	=	G. Almacenamiento de batería necesario
	÷		x		=	Wh

168 Encuentra más información y más explicaciones de multiplicadores de baterías en *https://www.appropedia.org/Battery_temperature_to_capacity_tables*

A menudo, las baterías se clasifican según sus Amp horas (Ah). Recuerda que la potencia = amperios x voltios y las unidades son W=A*V. Podemos multiplicar ambos lados de esta ecuación por horas para obtener Wh=Ah*V y dividir ambos lados por V para obtener: Ah=Wh/V. Por lo tanto, para calcular el almacenamiento de la batería necesario en Amp horas, simplemente hay que dividir el almacenamiento de la batería necesario en Wh (Cálculo 5 - G) por la tensión nominal del banco de baterías, como se ve en el Cálculo 6.

Cálculo 6

Almacenamiento necesario de batería (Ah)

G. Almacenamiento de batería necesario (Wh)	÷	H. Tensión nominal del banco de baterías (V)	=	I. Ah necesario
	÷		=	Ah

La tensión nominal del banco de baterías suele ser de 12 V, 24 V o 48 V para ser compatible con los reguladores de carga comúnmente disponibles. Además, si vas a utilizar el inversor o las cargas de CC directamente desde el banco de baterías, la tensión del banco de baterías debe coincidir con las de las cargas (por ej. los inversores de coches son de 12 V, pero muchos otros inversores también pueden ser de 24 V o 48 V).[169]

Cuanto mayor es la potencia necesaria, mayor será la tensión que buscas. Aumentar la tensión para necesidades de potencia altas permite que la corriente se mantenga baja, con lo que se pueden instalar cables más pequeños (y así reducir costos). Esto también es cierto en cuanto a la distancia a las cargas y al inversor. Es más seguro y menos caro aumentar la tensión (y por lo tanto reducir la corriente) para los sistemas con cargas e inversor alejados de la batería.

Los únicos pasos que faltan para dimensionar el tamaño del almacenamiento de baterías se encuentran en torno al número de baterías en serie y en paralelo, según las baterías que puedas comprar. Para buscar las baterías adecuadas, puedes empezar con el tamaño del almacenamiento de batería que se necesita en Ah y la tensión del sistema, o con las baterías que quieres utilizar. A menudo es preferible iterar un poco.

169 Fíjate que normalmente la tensión nominal del banco de baterías es igual a la tensión nominal del conjunto fotovoltaico, la tensión del regulador de carga y la tensión del inversor. La mayoría de los sistemas tendrán todas las partes con la misma tensión nominal; aun así, algunos reguladores de carga pueden soportar un conjunto fotovoltaico con una tensión y un banco de baterías con una tensión distinta. Las tensiones habituales son 12 V, 24 V y 48 V.

Para un sistema pequeño, es habitual hacer coincidir el tamaño de la batería con la tensión del sistema y las necesidades de almacenamiento. Esto facilita mucho los cálculos y el cableado con una única batería. Si solo encuentras una batería que cumpla tus necesidades de tensión y Ah (o Wh), puedes saltarte el apartado de dimensionado de un banco de baterías y pasar al de los paneles.

7.2.1. Banco de baterías

Si necesitas varias baterías para cubrir tus necesidades de almacenamiento, entonces tendrás que diseñar tu banco de baterías (es decir, tu grupo de baterías en serie y/o paralelo).

Las baterías se conectan en serie hasta alcanzar la tensión del sistema (recuerda que la tensión se añade en serie), y luego estas baterías conectadas en serie se conectan en paralelo hasta lograr la capacidad de almacenamiento necesaria (recuerda que la corriente se suma en paralelo). Por ejemplo, si tienes baterías de 12 V con 110 Ah de almacenamiento combinadas para obtener un banco de baterías de 48 V con 220 Ah de almacenamiento, colocarías cuatro baterías en serie hasta alcanzar los 48 V y colocarías dos patas en paralelo hasta llegar a los 220 Ah necesarios. Cada rama en paralelo debe tener la misma tensión, por lo que en este ejemplo habría un total de ocho baterías: dos ramas en paralelo y en cada ramas habría cuatro baterías en serie.

Para determinar el número de baterías en serie, divide la tensión nominal del banco de baterías por la tensión nominal de una única batería como indica el Cálculo 7.

Cálculo 7

Baterías en serie

H. Tensión nominal del banco de baterías (V)	÷	Tensión nominal de una batería sola (V/bat)	=	J. Baterías en serie
	÷		=	baterias

Recuerda que este número debería ser un número entero como 1, 2, 3, etc. puesto que la tensión de la batería se suma en serie y que no puede haber una fracción de batería en el sistema.

Para determinar el número de ramas en paralelo, divide el almacenamiento de baterías que se necesita en Ah por la batería única Ah como se ve en el Cálculo 8: Calculation 8

Cálculo 8

Baterías con ramas en paralelo

I. Almacenamiento de batería necesario (Ah)	÷	Batería sola Ah (Ah/rama)	=	K. Ramas en paralelo
	÷		=	ramas

De nuevo, este número debería ser un número entero (como 1, 2, 3, etc.) puesto que la corriente de la batería se suma en paralelo y no puede haber una fracción de batería en el sistema. Si este número redondea a la baja (por ej. 2,3 redondeado a 2), sugerimos que en lugar de redondear, busques más maneras de disminuir el consumo energético o que uses una batería ligeramente mayor. De lo contrario, debes redondear hacia arriba para cubrir la demanda.

Cuando ya tengas el número de las ramas en paralelo, simplemente multiplica las baterías en serie por el número de ramas en paralelo para determinar el número total de baterías, como se ve en el Cálculo 9.

Cálculo 9

Total de baterías

J. Baterías en serie (número entero)	x	K. Ramas en paralelo (número entero)	=	L. Total de baterías
	x		=	baterías

Es aconsejable probar con varios tipos de tamaño de baterías hasta encontrar un tamaño de banco de baterías que se ajuste a tus necesidades y presupuesto. También ten en cuenta que deberían ser números enteros. Atención, por seguridad y para alargar la vida de las baterías, no mezcles tipos de baterías. Además, es más seguro utilizar baterías grandes en lugar de baterías en paralelo debido al cableado, exposición y riesgo de que el fallo de una batería afecte a las demás.

7.3. Dimensionado de los paneles

Los paneles proporcionan la potencia a tu sistema. Para determinar el tamaño de los paneles para un sistema con baterías o conectado a la red (Imágenes 7.1 y 7.2), tendrás que determinar el tamaño del panel según la demanda diaria total CC.

Imagen 7.1
Casa grande con un sistema grande en el norte de California

Imagen 7.2
Casa conectada a la red con impacto cero en el norte de California

Las ineficiencias del sistema aumentan la necesidad de más paneles. Un cálculo típico conservador de la eficiencia de los componentes del sistema es del 0,85 (es decir, del 85 %) que incluye las pérdidas generadas principalmente en el regulador de carga y al cargar la batería (los cables y las conexiones también desempeñan un papel en ello). Cuanto mejor es el regulador de carga, menor es la ineficiencia del sistema. Utilizar un regulador de carga MPPT aportará una mayor eficiencia del sistema.

Para determinar la demanda diaria fotovoltaica, hay que dividir la demanda diaria total de CC (Cálculo 3-E) por la eficiencia de los componentes del sistema fotovoltaico, tal y como se muestra en el Cálculo 10:

Cálculo 10

Demanda fotovoltaica diaria

E. Demanda diaria de CC total (Wh/día)	÷	Facilidad de eficiencia de sistemas	=	M. Demanda fotovoltaica diaria
	÷	0.85	=	Wh/Día

Si tienes una batería, puedes acumular, generar y utilizar energía en distintos momentos del día. Los paneles reciben la energía solar, por lo que cuanto más sol haya, más energía tendrás. El valor de la cantidad de sol que tengas está descrito en el Apartado 3.1, se basa en unos pocos factores y tiene nombres como irradiación, insolación u horas solares pico.[170] Determina la irradiación buscando información sobre tu ubicación y teniendo en consideración el ángulo de los paneles.[171] Cuando más normal (perpendicular) sea el sol, más irradiación recibirás. Además, las sombras sobre los paneles reducirán el sol disponible. Deberían evitarse al máximo las zonas sombreadas, pero cuando es imposible evitarlas, asegúrate de tenerlas en consideración al dimensionar los paneles. Puedes utilizar una herramienta como un diagrama solar[172] para hacer un gráfico rápido prediciendo las sombras de cada mes en tu zona, o simplemente haz un estimativo según tu conocimiento del trayecto del sol en tu ubicación. A menudo se presentan los valores

170 Fíjate que a menudo la irradiación se calcula en unidades de kWh/m^2/día, pero el valor es el mismo para las unidades de horas solares pico.

171 Las tablas de horas solares pico o insolación/irradiación pueden encontrarse en *https://www.appropedia.org/Climate_data#Solar_insolation*. Asimismo, tendrás que ajustar el ángulo del panel y cualquier sombra. El ángulo del panel puede encontrarse en los recursos sobre datos de irradiación solar.

172 Cómo utilizar un diagrama solar o *pathfinder* en https://www.appropedia.org/Solar_pathfinder

en unidades de horas/día de mayor incidencia solar o kWh/m^2/día y se puede encontrar basándose en la ubicación y el ángulo en que se monte el panel (Tabla 7.2).

Tabla 7.2

Ejemplo de datos de irradiación solar (insolación) de Arcata, California, Estados Unidos, con inviernos muy nublados y veranos algo soleados, en unidades de horas/días solares pico o kWh/m^2/día

Inclinación (grado)	Ene	Feb	Mar	Abr	May	Jun	Jul	Ago	Sep	Oct	Nov	Dic	Promedio
0	1.8	2.4	3.6	5.0	5.8	6.0	5.9	5.0	4.4	3.1	2.0	1.6	3.9
Latitud	3.0	3.4	4.4	5.3	5.5	5.4	5.4	5.0	5.1	4.1	3.2	2.8	4.4

Para determinar el dimensionado del panel en términos de la potencia nominal del arreglo que se necesita, hay que dividir la Demanda diaria fotovoltaica (Cálculo 10-M) por las horas solares pico (es el mismo valor que la irradiación, es decir insolación), como se ve en el Cálculo 11).

Puedes realizar estos cálculos para cada mes o seleccionar el tamaño del sistema según una situación específica. Una situación específica y útil es elegir un mes con la combinación de la mayor energía que se necesita y la menor irradiación. Por ejemplo, si tienes un sistema de panel plano en un lugar referenciado en la Tabla 7.2 que alimenta luces que utilizas al atardecer, sería mejor diseñarlo en torno a diciembre, ya que solo hay 1,6 horas/día de sol pico, puesto que es el mes con menos luz solar. De esta manera, siempre tendrás suficiente potencia para tus luces el resto del año. Como segundo ejemplo, para diseñar un sistema con paneles planos que solo se utilizarán en el verano (como un centro de retiro de verano), puedes diseñarlo en torno a mayo, con 5,8 horas/día de sol pico (Tabla 7.2).

Cálculo 11

Potencia necesaria para el conjunto

M. Demanda fotovoltaica diaria (Wh/Día)	÷	Horas solares pico (hr/día)	=	N. Potencia necesaria para el conjunto
	÷		=	W

Para determinar el número de paneles, simplemente divide la potencia necesaria del conjunto (Cálculo 11-N) por los vatios del panel que estás considerando comprar, o que ya tienes, como se ve en el Cálculo 12.

A lo mejor ya sabes qué paneles vas a usar, a lo mejor tienes un descuento, a lo mejor los encontraste, o a lo mejor estabas esperando a ver cuánta potencia necesitas antes de comprarlos. Ahora es el momento de brillar.

Cálculo 12

Número de paneles necesarios

N. Potencia necesaria para el conjunto (W)	÷	Vatios del panel (W/panel)	=	O. Total de paneles
	÷		=	paneles

El número total de paneles tendrá que ser un número entero porque no se puede dividir un panel. Prueba paneles con distintos vatios para encontrar el que sea más adecuado para tu sistema. Una vez hecho, redondea la cantidad al número entero más cercano. Para un sistema pequeño, a menudo puedes hacer coincidir un único panel fotovoltaico con la potencia, lo que facilita mucho los cálculos y el cableado con solo un panel. Si solo encuentras un panel que cumple con tus necesidades de potencia (W), entonces puedes saltarte el apartado de dimensionado del conjunto fotovoltaico (Apartado 7.3.1) y puedes ir al de las Especificaciones del conjunto fotovoltaico (Apartado 7.3.2).

7.3.1. Conjunto fotovoltaico

Si necesitas más de un panel (Cálculo 12-O), entonces tendrás que colocar el conjunto fotovoltaico en serie o en paralelo. Si logras dimensionar su sistema de tal manera que un panel tenga los vatios correctos, entonces puedes saltarte este apartado.

Recuerda que el voltaje se añade en serie y la corriente en paralelo. Si quieres múltiples ramas o cadenas en paralelo, entonces cada una necesita tener el mismo número de paneles conectados en serie. Por lo tanto, el número total de paneles es igual al número de paneles conectados en serie por el número de cadenas de paneles, como se ve en el Cálculo 13.

Por ejemplo, un conjunto de seis paneles podría distribuirse así:

- una cadena de seis paneles en serie (mayor voltaje, menor corriente)

* dos cadenas en paralelo con tres paneles en serie
* tres cadenas en paralelo con dos paneles en serie, o
* seis cadenas en paralelo con un único panel cada una (menor voltaje, mayor corriente)

Cualquiera de estas distribuciones producirá la misma potencia total.

Cálculo 13

Paneles conectados en serie y paralelo en el conjunto fotovoltaico

P. Paneles en series	x	Q. Cadenas en paralelo	=	O. Total de paneles
	x		=	Paneles

El producto de los paneles en serie por las patas en paralelo (Cálculo 13-O) debería ser igual al total de paneles del Cálculo 12-O).

Tendrás que iterar la disposición de los paneles según los reguladores de carga disponibles. Tendrás que asegurarte de que la tensión en circuito abierto total de los paneles en serie es menor que la tensión de entrada fotovoltaica máxima del regulador de carga, y que la corriente total de las cadenas en paralelo (multiplicado por un factor de seguridad, normalmente 1,25) se encuentra por debajo de la corriente de entrada fotovoltaica máxima el regulador de carga. Además, los paneles en serie necesitarán cables y fusibles más pequeños que los paneles en paralelo, puesto que el tamaño de los cables y de los fusibles depende de la corriente.

Una vez hayas determinado la disposición, que suele ser un ejercicio iterativo, puedes determinar las especificaciones del conjunto fotovoltaico que informará de muchas de las partes del sistema que faltan.

7.3.2. Especificaciones del conjunto fotovoltaico

Determinar las especificaciones del conjunto requiere saber el número de paneles en serie y de cadenas en paralelo (que podría ser solo una, si tienes un sistema pequeño) y multiplicarlo por las especificaciones del fabricante (se ven los valores en la Imagen 4.8).

Para determinar la tensión en circuito abierto del conjunto, multiplica el número de paneles en serie por las especificaciones de tensión en circuito abierto del fabricante (V_{OC}) de tu(s) panel(es):

Cálculo 14

Tensión en circuito abierto del conjunto (V_{OC})

P. Paneles en series	x	Panel V_{OC}(V)	=	R. Arreglo V_{OC}
	x		=	V

Para determinar la corriente de cortocircuito del conjunto, multiplica el número de cadenas en paralelo por la corriente de cortocircuito (I_{SC}) y un factor de seguridad (típicamente 1,25). Este factor de seguridad es para tomar en consideración situaciones en las que los paneles están sobreproduciendo. Estas situaciones podrían producirse por el reflejo solar de un edificio cercano o el efecto lente de nubes que concentran la irradiancia del sol a más de 1000 W/m^2.

Cálculo 15

Corriente de cortocircuito del conjunto con un factor de seguridad (I_{SC})

Q. Cadenas en paralelo	x	Panel I_{SC} (A)	x	Factor de seguridad	=	S. Corriente de seguridad del conjunto
	x		x	1.25	=	A

Utilizaremos estos valores en los siguientes apartados.

Este podría ser un buen momento para refrescar las nociones de que el voltaje se añade en serie y la corriente en paralelo, del apartado 4.2.

7.4. Dimensionado de los reguladores de carga

Los reguladores de carga regulan la tensión de los paneles y evitan la destrucción de otros componentes del sistema como baterías, cargas e inversores. Además, algunos reguladores de carga también protegen las baterías de que las cargas las consuman demasiado. La mayoría de los sistemas querrán que el regulador de carga regule la corriente y tensión del conjunto (Apartado 7.4.1) para proteger el sistema. Muchos sistemas también querrán que el regulador de carga regule las corrientes de carga para proteger las baterías de que se descarguen demasiado (Apartado 7.4.2). Además, asegúrate de que tu regulador de carga sea apto para trabajar con cualquier batería que elijas, puesto que distintos tipos de batería requieren distintos perfiles de carga (por ej. baterías de plomo-acido inundadas frente a baterías de litio-ferrofosfato).

7.4.1. Corriente y tensión del regulador de carga del conjunto

El primer paso es calcular el tamaño del regulador de carga para la corriente y tensión máximos[173]. Ya has determinado estos datos en los Cálculos 15-S y 14-R.

Tabla 7.3

Corriente y tensión de regulador de carga del conjunto fotovoltaico

		S. Corriente de seguridad del conjunto	
Corriente del regulador de carga del conjunto fotovoltaico	=		**A**
		R. Conjunto V_{OC}	
Tensión del regulador de carga del conjunto fotovoltaico	=		**V**

También querrás confirmar que tu regulador de carga concuerda con el tipo de batería y la tensión nominal del banco de baterías del Cálculo 6-H. Si solo estás utilizando el regulador de carga para regular la potencia de los paneles, entonces ya tienes el tamaño del regulador de carga y puedes pasar al Apartado 7.5 - Dimensionado del inversor.

173 Si has elegido un regulador de carga MPPT, no hace falta que incluyas el factor de seguridad. Por lo tanto, la corriente del conjunto puede ser simplemente el número de ramas por la corriente de cortocircuito del Cálculo 15. Esto puede resultar en algo de pérdida energética (corriente por encima de la corriente MPPT), pero no romperá el sistema.

7.4.2. Corriente de carga del regulador de carga

Si quieres que el regulador de carga también gestione las cargas, entonces tendrás que tener en consideración las cargas en el controlador. Las cargas con mayor potencia a menudo utilizarán más corriente de la que el regulador de carga puede gestionar. En cambio, esta mayor potencia (y por lo tanto mayor corriente) puede conectarse en paralelo con la batería. Estas cargas conectadas en paralelo a la batería ya no estarán controladas por el regulador de carga, pero seguirán teniendo la tensión regulada y la energía almacenada de la batería.

Puedes elegir qué dispositivos quieres que controle el regulador de carga y conectar solo estos dispositivos al regulador de carga. Conecta el resto de los dispositivos directamente a la batería. La carga dimensionada del regulador podría ser muy alta si la basas en la potencia máxima de las hojas de cálculo de carga.

Es posible que tu sistema nunca tenga todos estos dispositivos funcionando a máxima potencia a la vez; en cuyo caso, añade la potencia CA máxima y CC máxima según tu conocimiento del número máximo de dispositivos que funcionarán simultáneamente.

Para calcular la carga máxima del regulador de carga desde el inversor en corriente, divide la potencia CA (Cálculo 2-C)[174] por la tensión del inversor (que suele ser 12 V, 24 V o 48 V y debería coincidir con la tensión de la batería) y la eficiencia del inversor utilizada en el Cálculo 2[175]:

Cálculo 16

Controlador - carga CC desde el inversor, en corriente

C. Potencia de CA total (W)	÷	Tensión del inversor (V)	÷	Eficiencia del inversor	=	T. Carga máxima de CC para CA
	÷		÷	0.9	=	A

174 Recuerda que esto puede ser el total de las cargas CA encendidas a la vez de acuerdo a la valoración de necesidades, o un número menor de cargas.

175 Pearsall, N. (Ed.). (2016). The performance of photovoltaic (PV) systems: Modelling, measurement and assessment. Cambridge, England: Woodhead Publishing. Imagen 1.4 https://doi.org/10.1016/C2014-0-02701-3

Para calcular la carga máxima del regulador de carga desde dispositivos CC en corriente, divide la potencia CC[176] Cálculo 1-A) por la tensión CC (que suele ser 12 V, 24 V o 48 V y debería coincidir con la tensión de la batería):

Cálculo 17

Regulador - carga CC desde cargas CC, en corriente

A. Potencia de CC total (W)	÷	Tensión de CC desde el regulador (V)	=	U. Carga máxima de CC para CC
	÷		=	A

Finalmente, la carga máxima del regulador de carga es la suma de la carga máxima del inversor de las cargas de CA y la carga máxima de la carga CC:

Cálculo 18

Carga CC total del regulador de carga

T. Carga máxima de CC para CA	+	U. Carga máxima de CC para CC	=	V. Carga de CC máxima total (A)
	+		=	A

Es muy probable que esta carga total máxima de CC sea demasiado grande para tu regulador de carga. Si es demasiado grande, puedes establecer un regulador de carga mayor, conectar múltiples reguladores de carga en paralelo (si la disposición del sistema lo permite), encontrar cargas más eficientes, pensar un patrón de uso más conservador o, lo más probable, conectar algunas o todas las cargas en grupos en paralelo con la batería en lugar de controlarlas desde el regulador de carga. Recuerda que si conectas todas las cargas directamente a la batería, no habrá nada protegiendo tu batería de una posible sobredescarga de la misma. La sobredescarga de tus baterías podría disminuir significativamente su vida útil, así que asegúrate de monitorear manualmente la tensión de las baterías y ajustar tu consumo de potencia para mantener una tensión adecuada (típicamente por encima de 11 V para un banco de baterías de 12 V). Cabe señalar que a diferencia de la mayoría de cargas, la mayoría de inversores tienen incorporada una función de desconexión por bajo voltaje.

176 Recuerda que esto puede ser el total de las cargas CC encendidas a la vez de acuerdo a la valoración de necesidades, o un número menor de cargas.

7.5. Dimensionado del inversor

El inversor convierte la potencia en CC producida por los paneles solares en potencia en CA para dispositivos típicos que se suelen enchufar. Hay pocos factores a considerar cuando se dimensiona un inversor. Por ejemplo, solo necesitas alimentar los vatios máximos que se necesitarán simultáneamente. En algunos sistemas, esto es menos de la potencia CA total (por ej. en un sistema con luces que solo se iluminan de noche, y ventiladores que solo funcionan de día). Además, algunos dispositivos tienen requisitos para casos de grandes sobrecargas eléctricas (por ej. las herramientas eléctricas). Los inversores también se clasifican según la sobrecarga que pueden soportar.

Dimensionar un inversor suele ser tan sencillo como multiplicar la potencia máxima en CA (Cálculo 2-C)[177] por el factor de seguridad de un inversor, de 1,25:

Cálculo 19
Tamaño de inversores en vatios

C. Potencia de CA total (W)	x	Factor de seguridad del inversor	=	W. Tamaño del inversor en vatios
	x	1.25	=	W

Si quieres el tamaño del inversor en amperios, divídelo por la tensión del inversor, que suele ser la tensión nominal del banco de baterías (y siempre es la misma si el inversor está conectado a las baterías en lugar del regulador de carga):

Cálculo 20
Tamaño del inversor en amperios

W. Tamaño del inversor en vatios	÷	Tensión del inversor (V)	=	X. Tamaño del inversor en Amps
	÷		=	A

177 También puedes elegir no alimentar más que una fracción de las cargas de CA a la vez, para diseñar un sistema más pequeño; pero tendrás que asegurarte de que no se enciendan a la vez más cargas.

Convendrá seleccionar un inversor que coincida con la tensión del inversor y que cumpla o exceda los requisitos de tamaño del inversor.

Atención: Si tienes dispositivos de sobretensión alta, como herramientas eléctricas, será conveniente añadir vatios de sobretensión y asegurarse de que el inversor puede cubrirlos.

7.6. Dimensionado de cables y enchufes

Los cables y los enchufes transportan la corriente allí donde la quieres. Los cables y enchufes están clasificados según la tensión y la corriente. Los enchufes también pueden ser específicos para una tensión, o para CA o CC.

Los cables son para las cargas eléctricas lo que las tuberías son para el agua. Tanto los cables como las tuberías solo pueden soportar una determinada presión (tensión en la electricidad), y su diámetro (calibre en electricidad) determina cuánta corriente puede pasar a través de ellos. Las matemáticas para esta relación entre el material, el diámetro y el largo del cable son interesantes y bastante parecidas a las de las tuberías, pero sugiero utilizar una tabla de largos de cable tradicional como la Tabla 7.4 (también llamada tabla de corriente máxima). Para mantener tus costos bajos, es mejor mantener los largos de cable cortos y la corriente baja.

Las tablas de largos de cable se basan en tensión, corriente y largo. Hay que calcular la tensión y la corriente máxima de cada lugar que haya que cablear, por ej. desde los paneles solares hasta el regulador de carga, desde el regulador de carga hasta las baterías, desde el regulador de carga hasta las cargas, etc. Estos valores pueden encontrarse en los apartados previos de dimensionado.

Por ejemplo, en la Tabla 7.4, si la corriente máxima que va al inversor es 15 A y el inversor está a 3 metros, se necesitarán cables del calibre 10 porque la distancia de ida y vuelta será de 6 metros.

Tabla 7.4

Tamaño de cables en distancias de ida y vuelta para varias corrientes en un sistema de 12 V de CC[178]

Largo ida y vuelta	Calibre de cables estadounidense según la corriente máxima (A) para un sistema de 12 V CC (3 % pérdida máxima)							
	5 A	10 A	15 A	20 A	25 A	30 A	40 A	50 A
4,5 m	16	12	10	10	8	8	6	6
6 m	14	12	10	8	8	6	6	4
7,5 m	14	10	8	8	6	6	4	4
9 m	12	10	8	6	6	4	4	2
12,2 m	12	8	6	6	4	4	2	2
15,24 m	10	8	6	4	4	2	2	1
18,3 m	10	6	4	4	2	2	1	1/0
21,3 m	8	6	4	2	2	2	1/0	2/0
24,4 m	8	6	4	2	2	1	1/0	2/0
27,4 m	8	4	2	2	1	1/0	2/0	3/0

Es mejor utilizar enchufes estándar para la corriente y tensión necesarias, para que no se utilicen mal accidentalmente. Al igual que los cables, hay que asegurarse de que el enchufe que estás utilizando cumpla o exceda la tensión y la corriente que se conectarán al enchufe. Al contrario de los cables, no hace falta tener en cuenta el largo.

178 Encuentra más tablas y fórmulas en https://www.appropedia.org/Wire_length_tables

7.7. Dimensionado de disyuntores

Los disyuntores actúan como interruptores que se pueden encender (se cierra el circuito) o apagar (abrir el circuito) de la corriente. Los disyuntores pueden colocarse por seguridad, por ej. desconectando las baterías o los paneles, o por conveniencia, por ej. encendiendo o apagando las cargas. Para determinar el tamaño de los disyuntores, se utiliza la tensión y la corriente máxima para la ubicación de cada disyuntor.

A continuación presentamos los disyuntores más habituales y cómo dimensionarlos:

Para un **disyuntor de conjunto fotovoltaico** hay que elegir del Apartado 7.3.2. - Especificaciones del conjunto fotovoltaico un disyuntor que pueda con la corriente máxima del conjunto y la tensión máxima. La corriente suele ser el factor limitante y se determinó con un factor de seguridad en el Cálculo 15-S. Un disyuntor para el conjunto fotovoltaico es importante para la seguridad y para el mantenimiento del sistema.

Para un **disyuntor de baterías** hay que elegir un disyuntor para una corriente igual o superior que la corriente del regulador de carga. Si tienes otras cargas conectadas a la batería, asegúrate de que están por debajo de la corriente del regulador de carga, o conéctalas a la batería con un fusible distinto. Un disyuntor de batería, y un fusible o interruptor, ayuda a que no haya cortocircuito en la batería. Hay que recordar que la batería es el aparato más peligroso del sistema.

Para un **disyuntor de inversor** separado hay que elegir un disyuntor que pueda con los amperios del inversor que se encuentran en el Cálculo 20-X. Un disyuntor de inversor suele ser innecesario, puesto que muchos inversores contienen su propio fusible.

Si quisieras tener un fusible en una **carga individual,** utiliza la tensión y calcula la corriente máxima de esa carga (máxima potencia en vatios, dividida por la tensión) para determinar el tamaño del disyuntor. Es posible que quieras un disyuntor para una carga individual por practicidad (por ej. una bombilla) o seguridad (por ej. un enchufe para una carga alta o peligro de agua), en cuyo caso, es conveniente tener un interruptor diferencial.

8. Otros aspectos útiles

8.1 Uso de paneles viejos

Cada vez hay un número mayor de paneles viejos que se están desechando y que están entrando en el mercado. Seguramente esto seguirá pasando puesto que cada vez hay más sistemas instalados y las eficiencias y costos mejoran. Hemos encontrado muchos paneles que siguen produciendo más del 80 % de su potencia máxima especificada después de veinte años. Aquí hay algunas indicaciones sobre el uso de paneles viejos:

1. **Comprobación rápida**: Comprueba el I_{SC} y V_{OC} utilizando un multímetro con el panel perpendicular a pleno sol. Esto es fácil de comprobar y da una idea de si vale la pena seguir examinando el panel. Asegúrate de que el multímetro esté regulado para corrientes mayores de las del I_{SC} mencionado en el panel.

2. **Comprobación en profundidad:** Para comprobar que el panel funciona bien, puedes construir una curva IV (Apartado 4.4) utilizando un reostato, o puedes encontrar la carga (como una bombilla incandescente) cuya corriente necesaria se encuentra cerca del I_{MPP} mencionado detrás del panel. Dicho esto, si sabes exactamente para qué lo vas a utilizar, puedes probarlo para asegurarte de que soporte la carga y olvidarte del asunto.

3. **Combinar paneles:** Si quieres combinar paneles, vuelve al Apartado 4.2 sobre series y paralelos. Es importante que cada una de las ramas tenga una tensión similar y que cada uno de los paneles de una rama tenga una corriente similar.

8.2. Unidades en relación con la electricidad

Como ya te habrás dado cuenta, el mundo está lleno de unidades importantes y de prefijos relacionados con la electricidad y la energía fotovoltaica. Las siguientes tablas son una lista no exhaustiva de las unidades más relevantes.

Tabla 8.1
Unidades de electricidad[179]

Parámetro (símbolo)	Unidad de medida (símbolo)	Descripción eléctrica	Analogía con el agua
Tensión o Voltaje (V)	voltio (V)	Diferencia de presión (potencial) debido a diferencias de carga V=I*R	Desnivel: Diferencia de presión (potencial) debido a diferencias de altura
Corriente (I)	amperios (A)	Flujo de carga en carga/tiempo o culombos/segundos I=V/R	Caudal: Flujo de agua en volumen por tiempo, como litros/segundo
Resistencia (R)	ohm (Ω)	Oposición al flujo de carga R=V/I	Fricción: Oposición al flujo del agua
Potencia (P)	vatio (W)	Tasa de transferencia de trabajo o transferencia de energía, almacenamiento, etc. Potencia=Energía/Tiempo también P=I*V	Potencia: Potencia=Caudal (Q) * Presión (H)
Energía (E)	vatio-hora (Wh)	La capacidad de realizar trabajo. E=P*t (donde t es tiempo)	Energía: La capacidad de realizar trabajo

179 Mira los tipos de enchufe, tensión y frecuencia usados según la región para la que diseñes tu SF en https://www.appropedia.org/Plug_type_and_voltage_by_country

Tabla 8.2

Múltiplos y submúltiplos de unidades de electricidad[180]

Prefijo	Símbolo	Equivalencia decimal	Factor	Símbolo de la potencia	Descripción (orden de magnitud)
Tera	T	1.000.000.000.000	10^{12}	TW	Orden de magnitud necesaria para suplir de energía al mundo
Giga	G	1.000.000.000	10^{9}	GW	El tamaño de fábricas de producción fotovoltaica en China
Mega	M	1.000.000	10^{6}	MW	El tamaño de una granja solar grande es de unos 10 MW
Kilo	k	1.000	10^{3}	kW	El tamaño de un sistema que puede alimentar una casa en su totalidad.
Ninguno	ninguno	1	10^{0}	W	Suficiente potencia para un dispositivo manual
Centi	c	1/100	10^{-2}	cW	Un dispositivo de muy poca potencia – por ej., una linterna LED
Mili	m	1/1.000	10^{-3}	mW	Aparato auditivo común que utiliza menos de 1 mW
Micro	µ	1/1.000.000	10^{-6}	µW	Células solares muy pequeñas utilizadas como sensores, media docena utilizadas para implantes médicos

Aquí hay algunas unidades más relacionadas con la fotovoltaica:

Espectro AM1.5: La American Society for Testing and Materials (ASTM) G-173 represenrtra la irradiancia espectral solar terrestre en una superficie de una orientación específica bajo un set y solo un set específico de condiciones atmosféricas. Las condiciones seleccionadas fueron un promedio razonable para los 48 estados contiguos de los Estados Unidos durante un periodo de un año. El ángulo de inclinación seleccionado es aproximadamente la latitud promedio de los estados contiguos de EE.UU.[181]

kW(p): Potencia pico de un sistema fotovoltaico cuando se encuentra perpendicular al sol en un día despejado (por ej. bajo condiciones de ensayo estándar).

180 Ir a https://www.appropedia.org/Powers_of_10 para ver más términos.

181 https://www.nrel.gov/grid/solar-resource/spectra-am1.5.html

Condiciones de Ensayo Estándar (STC en inglés): temperatura ambiente, 1000 vatios/m^2 de energía solar con un espectro AM1.5.

Kilovatio Hora (kilovatio hora): la cantidad of energía eléctrica consumida por un circuito eléctrico a lo largo de un periodo de tiempo. Es igual a 1000 Wh y se suele encontrar en las facturas de la electricidad de las viviendas.

8.3. Consideraciones económicas

Al final del día, una de las principales razones por las que la gente adopta la energía fotovoltaica solar para sus aplicaciones es por consideraciones económicas. Comprender la economía fotovoltaica puede ser un reto porque la tecnología dura tanto tiempo que las tasas de descuento e interés pueden desempeñar un papel importante; y la mayoría de las personas simplemente no los entiende. Al final, lo que quieres saber es: ¿Logrará la energía solar ser menos costosa que otras alternativas? Las buenas noticias son que para la gran mayoría del mundo y la mayoría de las aplicaciones, la respuesta es «¡Sí!» Para algunas aplicaciones, la respuesta es un «¡Sí, sí y sí!, ahí donde la energía solar barre por goleada los costos de fuentes eléctricas existentes. Por ejemplo, cualquier aplicación que utiliza baterías comunes compradas en las tiendas va a funcionar por muchísimo menos dinero con un sistema fotovoltaico solar pequeño.

8.3.1. Costo de una pila desechable por kWh

Una pila AA Duracell[182] (pila alcalina-dióxido de manganeso MN1500) con una potencia constante de 250 mW durará unas 10,5 horas, lo que es unos 2.625 mWh o 2.625 Wh o solo 0,002625 kWh. Si se utilizan las pilas con más intensidad, entonces obtendrás incluso menos electricidad. Por ejemplo, para 500 mW, las pilas durarán menos de cuatro horas, o menos de 2000 mWh. Lo más barato que pudimos encontrar

182 https://www.duracell.com/en-us/techlibrary/product-technical-data-sheets

en Amazon[183] fue un paquete de 48 pilas por US$18,99 o US$0,40 por pila. Por lo tanto, US$0,40/0,002625 kWh = ¡US$152,38/kWh! Es una locura económica utilizar pilas desechables para cualquier aplicación. La energía solar, en comparación, solo cuesta unos céntimos por kWh. ¿Cómo sabemos esto cuando compramos una célula solar, y no la electricidad solar? Necesitamos calcular el costo nivelado de la electricidad.

8.3.2. Costo nivelado de la electricidad

Para sistemas más grandes, la viabilidad económica de los proyectos fotovoltaicos se está evaluando cada vez más utilizando el costo nivelado de generación de la electricidad (LCOE) para compararla con la de otras tecnologías eléctricas. Desafortunadamente, hay una falta de claridad en la información de las hipótesis, justificaciones y grados de detalle en los cálculos LCOE, lo que produce resultados muy variables e incluso contradictorios. Una revisión reciente[184] de las metodologías para calcular adecuadamente la LCOE de los paneles solares mostró que la energía fotovoltaica es económica en casi todo el mundo y esto es lo que se utilizará aquí, en nuestra argumentación.

Gracias a la tecnología de vanguardia de la energía fotovoltaica y las condiciones de financiamiento favorables, es claro que la energía fotovoltaica ya ha llegado a la paridad de red en la mayoría de los lugares. A medida que el costo de instalación siga disminuyendo, los precios de la electricidad de la red sigan subiendo y la experiencia del despliegue de la industria fotovoltaica aumente, la energía fotovoltaica será la fuente dominante de electricidad conectada a la red en más y más regiones. ¿Pero, y tu propio proyecto? ¿Cómo calcular su LCOE?

El LCOE requiere considerar el costo del sistema de generación de energía y la energía generada a lo largo de su vida útil para proporcionar un costo en $/kWh (o $/MWh o centavos/kWh). Presentaremos tres métodos: 1) trozo de papel, 2) plantilla LCOE y 3) el System Advisor Model (SAM). Los veremos por orden de complejidad y fiabilidad. Por ejemplo, si quieres saber si deberías invertir en un único mini-módulo para recargar tu celular, el método 1 probablemente será más que suficiente. Si lo que buscas es un sistema

183 https://www.amazon.com/Energizer-Batteries-Double-Battery-Alkaline/dp/B079GXSFPB/

184 K. Branker, M.J.M. Pathak, J.M. Pearce, A Review of Solar Photovoltaic Levelized Cost of Electricity, *Renewable and Sustainable Energy Reviews*, *15*, pp.4470-4482 (2011). https://mtu.academia.edu/JoshuaPearce/Papers/1540664/A_Review_of_Solar_Photovoltaic_Levelized_Cost_of_Electricity

para ti, el método 2 bastará. Finalmente, si estás planificando una serie de sistemas fotovoltaicos financiados por el banco en varias comunidades, el método 3 (SAM) sería la mejor opción.

8.3.3. Trozo de papel

Para tener una idea básica del costo nivelado de la electricidad de tu sistema fotovoltaico, puedes calcularlo en un trozo de papel.

La ecuación básica para el LCOE = Costo total / Energía total generada.

El costo total puede deducirse de lo que cuesta del sistema fotovoltaico. La energía total generada = vida útil del sistema en años × la energía generada por el sistema por año.

Asumamos que compraste un sistema fotovoltaico que consiste de un módulo de 200 W y de una batería pequeña de $350 y que vives en el medio de la India. Si miramos la Imagen 3.23, parece que se obtienen unos 1700 kWh/m^2/año o esas muchas horas solares pico al año. La mayoría de los sistemas fotovoltaicos duran fácilmente 20 años o más. Por lo que la energía total que se podría esperar generar sería de 20 años × 1700 kWh/kW/año × 0,2 kW = 6800 kWh

El costo por kWh es por lo tanto de $350/6800 kWh = $0,05/kWh

Esta es una idea aproximada y es el caso más simple cuando tienes el dinero (es decir, que no es necesario financiar el proyecto), y no hay degradación, etc.

Si te gustaría incluir esas variables, entonces debes probar el método de la plantilla.

8.3.4. Método de la plantilla

Al reconocer que el costo nivelado de la electricidad es una herramienta de análisis comparativo, hay una gran sensibilidad hacia las hipótesis que se plantean, especialmente al extrapolar varios años hacia el futuro. Por lo tanto, las suposiciones deberían hacerse de la manera más precisa posible. Es importante hacer las suposiciones apropiadas al comparar sistemas, especialmente en el caso de las tecnologías de energía renovable, como la solar fotovoltaica, que son intensivas en capital pero con un mantenimiento despreciable (por ej. no hay costos de combustible).

Al informar de un LCOE para paneles solares para ti o para otros, debería quedar muy clara la inclusión de hipótesis y especificaciones que hacen que cada cálculo sea único. Por lo tanto, cuando se informe un valor, también debería incluirse de manera clara:

1. La tecnología solar fotovoltaica y la tasa de degradación (por ej. c-Si or a-Si:H, y 0,5 %/ año de tasa de degradación, etc.).

2. La magnitud, tamaño y costo del proyecto fotovoltaico, incluyendo el desglose de costos (residencial, comercial, uso comercial/número kW, No MW, $/Wp).

3. Indicación de recurso solar: factor de capacidad (una medida de la energía solar generada en términos de energía generada dividida por la capacidad de la instalación), exposición solar, ubicación geográfica y pérdidas por sombra.

4. Vida útil del proyecto y plazos de financiación (no tienen por qué ser iguales).

5. Términos de financiación: financiación (tasa de interés, plazo, relación de capital/deuda, costo del capital), y tasa de descuento.

6. Términos adicionales: inflación, incentivos, créditos, impuestos, depreciación, créditos de carbono, etc. (no todos ellos deben estar en el análisis, pero debería mencionarse si se incluyen o no).

Por lo tanto, los autores sugerirían el grado de aplicabilidad de sus análisis para que no se hagan suposiciones incorrectas respecto a sus decisiones.

En Appropedia, hay una calculadora simple y abierta, para encontrar el LCOE de un sistema fotovoltaico.[185] El ejemplo por defecto, es el de un sistema en Kingston, Ontario, Canadá. La sección «suposiciones y fuentes» de la calculadora proporciona directrices sobre cómo cambiar el input según la ubicación. Las ecuaciones principales se muestran

185 https://www.appropedia.org/File:ECM032_-_Solar_PV_LCOE.xls

en la Imagen 8.2. Los lectores que no tengan un conocimiento matemático detallado no deberían sentirse intimidados por la ecuación. La hemos insertado a propósito en una hojas de cálculo bloqueada, para que nadie puede modificar el cálculo principal.

$$LCOE = \frac{\sum_{t=0}^{T} \frac{C_t}{(1+r)^t}}{\sum_{t=0}^{T} \frac{E_t}{(1+r)^t}}$$

$$LCOE = \frac{\sum_{t=0}^{T} \frac{I_t + O_t + M_t + F_t}{(1+r)^t}}{\sum_{t=0}^{T} \frac{E_t}{(1+r)^t}} = \frac{\sum_{t=0}^{T} \frac{I_t + O_t + M_t + F_t}{(1+r)^t}}{\sum_{t=0}^{T} \frac{S_t(1-d)^t}{(1+r)^t}}$$

Nomenclature

T	life of the project [years]
t	Year t
C_t	Net cost of project for t [$]
E_t	Energy produced for t [$]
I_t	Initial investment/ cost of the system including construction, installation etc. [$]
M_t	Maintenance costs for t [$]
O_t	Operation costs for t [$]
F_t	Interest expenditures for t [$]
r	Discount rate for t [%]
S_t	Yearly rated energy output for t [kWh/yr]
d	Degradation rate [%]

1.Home | 2.Introduction | 3.Inputs | 4.Executive Summary | 5.Projected Savings | **6. Assumptions & Sources**

Imagen 8.2

Imagen de la planilla de cálculo de LCOE que muestra las pestañas y la ecuación principal

Esta hoja de cálculo consiste en seis planillas o pestañas, incluida la pestaña principal. Esta pestaña introductoria presenta un resumen del LCOE y un ejemplo. En la pestaña de entrada de datos, inserta el mejor estimativo para tu proyecto en las celdas naranjas (y cambia la configuración predeterminada de la células moradas si quieres). Mira la Tabla 8.3 para ver la leyenda de los colores. La pestaña de Resumen ejecutivo proporciona un resumen de los costos y beneficios según los valores introducidos en la planilla de Introducción de datos. Los detallados análisis económico y medioambiental detrás de los resultados del resumen ejecutivo aparecen en la planilla de Proyección de ahorro, que muestra las métricas financieras y medioambientales. Las suposiciones subyacentes a los cálculos y explicaciones de la configuración predeterminada (como costos de electricidad y emisiones) se encuentran en la planilla Asunciones y fuentes (Imagen 8.2) y es posible que tengan que ajustarse a tu aplicación. La calculadora LCOE ha sido diseñada principalmente para un uso electrónico, pero también puede imprimirse si es necesario. La predeterminación para imprimir está de tal manera que todas las páginas caben en una página de tamaño Letter o A4 y se rotarán (horizontal o vertical) automáticamente si es necesario.

Tabla 8.3
Leyenda LCOE de la hoja de cálculo.

Leyenda	Encabezado	verde
	Entrar datos	naranja
	Valores predeterminados	morado
	Tablas resumen	azul

8.3.5. Método SAM

El System Advisor Model[186] (SAM) está diseñado para personas involucradas en la industria de la energía renovable, y que puedan tomar buenas decisiones finales. Lo desarrolló el National Renewable Energy Laboratory (NREL) en Estados Unidos y ahora es de acceso abierto.[187] NREL seguirá manteniendo y actualizando el código y hará públicas nuevas versiones del SAM para Windows, Mac y Linux, con funciones nuevas y actualizaciones. Lo puedes descargar gratuitamente.[188]

El SAM realiza predicciones de rendimiento y estimativos de costo de la energía para proyectos de energía renovable basados en costos de instalación y de operación y en los parámetros de diseño de sistemas que tú especificas al introducir información al modelo. El primer paso para crear un archivo SAM es elegir una opción de tecnología y de financiación para el proyecto. El SAM rellena automáticamente las variables introducidas con un set de valores predeterminados para el tipo de proyecto. Como con el Método de la plantilla, es tu responsabilidad revisar y modificar toda la información a introducir de la manera más apropiada para el proyecto. Después, proporciona la

186 https://sam.nrel.gov/

187 https://sam.nrel.gov/opensource

188 https://sam.nrel.gov/download

información sobre la ubicación del proyecto, el tipo de equipo del sistema, el costo para instalar y operar el sistema, y las suposiciones financieras y de incentivos.

Para describir los recursos de energía renovable y condiciones meteorológicas de una ubicación de proyecto, el SAM requiere un archivo de información del tiempo. Según el tipo de sistema que estás probando, tienes la opción de elegir un documento de información del tiempo de la lista, descargar uno de Internet, o crear un documento utilizando tus datos.

El SAM incluye varias bibliotecas de datos de rendimiento y coeficientes que describen las características de los componentes del sistema, como módulos fotovoltaicos e inversores, turbinas de viento y sistemas de combustión bioenergética. Para estos componentes, solo tienes que elegir una opción de la lista y el SAM aplica los valores de la biblioteca a las variables a introducir.

Para el resto de variables a introducir, o bien utilizas el valor predeterminado, o bien cambias la variable a introducir:

- Los costos de instalación incluyen compras de equipo, mano de obra, costos de ingeniería y otros proyectos, costos del terreno y costos de operaciones y mantenimiento
- Número de módulos e inversores, tipo de seguimiento, factores de disminución para sistemas fotovoltaicos
- Tipo de colector y receptor, múltiplo solar y capacidad de almacenamiento
- Periodo de análisis, tasa de descuento real, tasa de inflación, impuestos, objetivo de tasa interna de rendimiento o precio de compra de energía para modelos de financiación de empresas de energía
- Carga del edificio y tarifa comercial de tiempo de uso para modelos de financiación comerciales y residenciales
- Tasas y montos de impuestos e incentivos en efectivo.

Una vez estés contento con los valores de las variables de entrada, puedes hacer simulaciones y luego estudiar los resultados. Un análisis típico implica hacer simulaciones, estudiar resultados, revisar datos introducidos y repetir el proceso hasta que entiendas y estés contento con los resultados finales.

El SAM muestra resultados de simulaciones en tablas y gráficos, desde tablas con métricas de la producción del primer año y otras métricas de valores, a los flujos de caja detallados y la información de rendimiento por hora que se puede ver de forma tabular o gráfica.

Una herramienta gráfica incorporada muestra una serie de gráficos predeterminados que permiten la creación de gráficos personalizados. Todos los gráficos y tablas pueden exportarse en distintos formatos para incluirlos en informes y presentaciones, y también para futuros análisis con hojas de cálculo u otro software.

Los modelos de rendimiento del SAM calculan cada hora de salida de energía del sistema eléctrico, y genera un set de 8760 valores por hora que representan la producción del sistema a lo largo de un único año. El SAM incluye modelos de rendimiento para sistemas fotovoltaicos (planos y con concentración), almacenamiento de baterías para sistemas fotovoltaicos, agua caliente solar, energía eólica (a pequeña y gran escala), energía geotérmica y coproducción geotérmica y energía de biomasa, entre otras tecnologías de energía renovable.

El modelo financiero del SAM calcula las métricas financieras para varios tipos de proyectos energéticos según el flujo de caja del proyecto en el periodo de análisis que se especifique. El modelo financiero utiliza la salida eléctrica calculada por el modelo de rendimiento para calcular las series de flujos de caja anuales. También incluye una calculadora simple del costo nivelado de la electricidad basándose en la tasa fija introducida.

Aprender a utilizar el SAM es para aquellos que estén planeando muchos diseños de sistema. Si solo estás empezando un sistema para ti, probablemente será mucho más detallado de lo que necesitas. Sin embargo, si quieres hacer la inversión, aprender su manejo es gratis. Para aprender a utilizar el SAM, hay webinarios gratuitos, archivos de muestra y materiales curriculares.[189]

8.4. Exención de responsabilidad

El editor y los autores proporcionan la información de este libro, así como sus referencias, con fines educativos. Te aconsejamos que asumas la responsabilidad plena de tu seguridad. Antes de implementar las habilidades descritas en este libro, asegúrate de seguir las prácticas de seguridad indicadas en este libro, así como de otras fuentes y el conocimiento referente a trabajar con electricidad. No te arriesgues más allá de tu nivel de seguridad.

Deberías comprender que al trabajar con electricidad, existe la posibilidad de daño físico y muerte. Si realizas trabajo con energía fotovoltaica, estás de acuerdo a hacerlo asumiendo tu propio riesgo, asumiendo todos los riesgos de lesión propia, y aceptas exonerar y descargar al editor y a los autores de cualquier reclamo o causa de acción, conocida o desconocida, que surja por el contenido de este libro.

Si estás empezando, te sugerimos encarecidamente que empieces con algo pequeño y construyas tus habilidades incurriendo en poco riesgo. **¡Sé prudente, diviértete y ten un impacto positivo en el mundo!**

189 https://sam.nrel.gov/resources

8.5. Lista de problemas

Para desarrollar tu conocimiento o llevarlos a la clase, hemos preparado una lista de problemas disponibles en https://www.appropedia.org/To_Catch_the_Sun#Problemsets. Profesores, escribid a Lonny (lonny@humboldt.edu) para que os envíe una guía de respuestas.

8.6. Ejemplos de sistemas y comunidad en línea

Te aconsejamos que busques comunidades locales y globales con las que trabajar. Las organizaciones de ayuda mutua son un lugar fantástico en el que involucrarse.

Nos apoyamos mucho en Appropedia por sus diseños y puedes explorar ejemplos de sistemas fotovoltaicos que funcionan en https://www.appropedia.org/To_Catch_the_Sun#Examples. Existen algunos grupos geniales en línea y según el momento en el que leas esto o la lengua en que leas estas páginas, te sugerimos que hagas una búsqueda. Además, uno de los grupos con los que nos ha encantado trabajar (y que ayudó significativamente a financiar este libro) es Permies.com. Puedes preguntar todo tipo de preguntas relacionadas con la energía fotovoltaica y la permacultura en https://permies.com/forums

9. Índice temático

10. Biografía de los autores

10.1. Joshua Pearce

El profesor Joshua M. Pearce se licenció en química, física y obtuvo su doctorado en ingeniería de materiales de la Pennsylvania State University por su trabajo con celdas solares de bajo costo. Luego, desarrolló el primer programa de sostenibilidad en el sistema de educación universitaria estatal de Pennsylvania y ayudó a desarrollar un programa graduado de ingeniería sobre sostenibilidad aplicada mientras estaba en Queen's University, en Canadá.

En Michigan Technological University fue el primer profesor nombrado con la cátedra Richard Witte y asignado a la vez al Departamento de ciencias materiales e ingeniería y al Departamento de ingeniería eléctrica y computación, donde se encargó del Grupo de investigación sobre tecnología sostenible de libre acceso. Recibió la cátedra distinguida Fullbright-Universidad de Aalto en Finlandia, universidad en la que sigue siendo profesor invitado de energía fotovoltaica y nanoingeniería. También es profesor invitado en el Équipe de recherche sur les processus innovatifs (ERPI) en la Université de Lorraine, Francia. Escribió este libro bien al norte, en una casa alimentada por energía solar.

Actualmente tiene la cátedra John M. Thompson de tecnología de la información e innovación en la Escuela de negocios Richard Ivey y en el Departamento de ingeniería eléctrica y de computación en Western University, Canadá.

El Dr. Pearce es un frecuente colaborador de Appropedia, dado que su investigación se concentra en el uso de tecnología apropiada de acceso abierto para encontrar soluciones colaboradoras a problemas de sostenibilidad y reducción de la pobreza. Su investigación se extiende a áreas de física de dispositivos electrónicos e ingeniería de materiales para células fotovoltaicas solares, así como sistemas fotovoltaicos solares y económicos. Su grupo también trabaja en impresión 3-D RepRap abierta, sostenibilidad aplicada y política energética. Su investigación suele aparecer regularmente en la prensa nacional e internacional, y se encuentra puntuada constantemente en el top 0,1 % en Academia.edu. Es el autor de *Open-Source Lab: How to Build Your Own Hardware and Reduce Research Costs* así como *Create, Share, and Save Money Using Open-Source Projects.*

10.2. Lonny Grafman

Lonny Grafman es instructor de Ingeniería de recursos medioambientales y tecnología apropiada en Cal Poly Humboldt; fundador del programa comunitario resiliente de tecnología, Practivistas; consejero y gestor de proyectos (y a veces recaudador de fondos) de los proyectos epi-apocalípticos de arte en la ciudad Waterpod, Flock House, WetLand y Swale; director general del centro BlueTechValley en la costa norte de EE.UU, que apoya el ahorro energético entre emprendedores; director de AWEsome Business Competition para grupos que trabajan con agricultura, agua y energía en el norte de California; y fundador y presidente de la fundación Appropedia, que comparte conocimiento para construir vidas sostenibles y ricas.

Lonny ha enseñado cursos en la universidad y talleres en docenas de países. Ha trabajado y liderado equipos en cientos de proyectos nacionales e internacionales a lo largo del amplio espectro de la sostenibilidad: desde energía solar para mejorar cocinas, a energía micro-hidro para recolectar agua, y desde construcciones de tierra a aulas construidas con botellas de plástico. A lo largo de las implementaciones tecnológicas ha descubierto que el componente más vital de todos ellos es la comunidad.

Sus primeros libros, *To Catch the Rain* y *Atrapando la lluvia,* recorren historias inspiradoras de comunidades que se unen para atrapar su propia lluvia y explican cómo tú también puedes hacerlo.

Gracias por formar parte de este proyecto. Te apreciamos, y nos encantaría que estuvieras aun más involucrado. Por eso:

✓ Regístrate en **tocatchthesun.com** para recibir la información más actualizada y enterarte cuando salga el próximo libro.

✓ Haz correr la voz sobre este libro entre las personas que conoces, en las redes sociales (con el *hashtag* **#tocatchthesun**), y escribe una reseña en tu web favorita de venta de libros.

✓ Comparte tus proyectos y fotos con nosotros en las redes sociales o subiéndolas directamente en **appropedia.org/To_Catch_the_Sun#projects**

✓ Síguenos en **appropedia.org/To_Catch_the_Sun#About_the_Authors**

✓ Considera hacer una donación a Appropedia para proyectos relacionados con *Atrapando el Sol*, o a cualquier organización que trabaje con energía solar y ¡háblales del libro! **appropedia.org/Appropedia:Support**

Joshua Pearce

Lonny Grafman

Made in United States
Orlando, FL
04 November 2026

90223893R00131